01 韭菜的植株

03 韭菜根部分蘖及跳根情况

02 韭菜的花序

04 韭菜品种 791 田间生长情况

05 韭菜小拱棚覆盖栽培

06 韭菜近地面覆盖栽培

07 大葱的植株生长情况

08 大葱田间开花情况

09 大葱定植方法

10 大葱采收与打捆

11 大葱紫斑病

12 红皮洋葱类型

13 黄皮洋葱类型

14 白皮洋葱类型

15 洋葱采收后的田间晾晒

16 大蒜蒜头畸形的各种表现

17 紫皮大蒜类型

18 白皮大蒜类型

19 适宜采收的蒜薹标准

20 青蒜采收与打捆

21 分葱的植株

22 分葱的鳞茎

23 细香葱的植株

专家与您手拉手系列丛书

葱蒜类蔬菜栽培技术问答

任华中　邓　莲　刘丽英　编著

中国农业大学出版社

内容提要

葱蒜类蔬菜主要作为调味品蔬菜，在我国消费量很大。同时，葱蒜类蔬菜在我国分布范围很广，栽培面积大。近年来，随着栽培技术的进步，不仅产量品质有所提高，而且基本实现了周年供应。

本书以问答的形式，分别介绍了韭菜、大葱、洋葱、大蒜、分葱、细香葱、楼葱、胡葱、薤 9 种葱蒜类蔬菜的生物学特性、优良类型和品种、露地及保护地栽培技术、病虫害防治、收获与贮藏技术等。本书着重实用性、科学性和可操作性，适合广大菜农、农业技术人员、农业院校师生和部队农业生产人员阅读参考。

目　　录

韭菜

大葱

洋葱

大蒜

其他

韭　菜

一、概　述

☞ 1. 韭菜的起源地在哪里？其栽培历史和栽培概况如何？

韭菜为多年生宿根草本植物，别名草钟乳、起阳草、懒人菜、山韭、常生韭等。

韭菜原产中国，主要在中国和少数亚洲国家栽培。中国韭菜栽培历史悠久，汉代已有温室培韭，北宋时有韭黄生产。

韭菜是高产稳产蔬菜，在我国的南方和北方均可栽培，以露地或塑料拱棚覆盖栽培青韭为主，亦可利用拱棚、温室、地窖等多种保护设施和软化栽培方式生产韭黄，可周年生产，均衡供应。

☞ 2. 韭菜有哪些营养价值？

韭菜主要食用柔嫩多汁的嫩叶，也可食用花茎或花器。韭菜营养丰富，含有多种维生素、矿物质，粗纤维和蛋白质的含量也较多。韭菜含有挥发性硫化物，辛辣味浓，可增进食欲。产品可炒食或做馅，气味芳香，深受消费者欢迎。

韭菜除了用作蔬菜外，还有医疗作用。根据《别录》记载："韭叶味辛，微酸，温无毒，归心，安五脏，除胃中热，病人可久食，种子主治遗精溺白"。《本草纲目》载："韭子补肝及命门，治小便频数，遗尿……"。

二、生物学特性

3.韭菜的根有什么特点?

韭菜没有主根,由弦线状的肉质须根构成须根系,着生于短缩茎的基部或边缘。韭菜的根系寿命较长,分布幅度较小;须根上没有根毛,吸水、吸肥能力弱(彩图01)。

韭菜根系分布浅,3年生韭菜的根系,垂直分布约50 cm,水平分布约30 cm。在生长过程中,韭菜的根系不断地更新。多年生植株老根逐渐衰老死亡,新的分蘖不断形成并发生新根,进行新老根系的更替。1～4年生韭菜随着年龄增长,分蘖数和须根量增多,一般每个分蘖的平均根数10～15条,每株有须根40条左右。

4.韭菜的茎有哪些特点?

韭菜茎分营养茎和花茎(花薹)两种,营养茎位于地下,花茎生于地上(彩图01)。

一二年生韭菜的营养茎呈扁圆锥体,称"茎盘"。茎盘顶端中心着生顶芽,周围为叶鞘,下部生根。随着韭菜年龄的增长和逐年分蘖,营养茎形成杈状分枝,称为"根状茎"。"根状茎"的茎盘基部着生须根,上部形成小球状的鳞茎。鳞茎外面有干枯的叶鞘形成纤维状的鳞片。鳞茎的组织坚硬,可贮藏养分。韭菜根状茎的生活年限为2～3年,平均每年以1.40～1.57 cm的速度向地表延伸,多年生韭菜老龄根状茎逐渐衰老而解体。营养茎是韭菜植株养分的重要贮存器官。

植株经过春化阶段，由鳞茎的顶芽分化出花芽，花芽不断伸长成花茎，花茎断面半圆或近圆形，顶端着生圆锥状花苞，散苞后开花结实，花茎和花苞称为韭薹。

5. 韭菜的叶有什么特点？

韭菜的叶为簇生状，一株韭菜叶数多少不同，一般 3～5 片，4 叶后易倒伏，较稀植的 5～9 片叶（彩图 01）。环境条件适宜时，7 天长 1 片叶；天气较干旱时能长出较多叶片；阴雨潮湿天气下老叶片腐烂脱落。

韭菜的叶分为叶身和叶鞘两部分。叶鞘圆筒状，在茎盘上分层排列。多层叶鞘抱合成圆柱形或扁圆柱形的假茎。叶鞘长度因品种而异，一般为 5～20 cm。外层叶鞘浅绿色或红色。韭菜叶的分生带在叶鞘基部，收割后可继续生长。根据这一特性，韭菜在一年内可多次收割。

叶身扁平、狭长、带状，表面覆有蜡粉，属于耐旱叶型。叶片具有不断分化、生长、衰老的特性，单株有效叶数经常保持 5～9 片。叶片的宽窄和叶色因品种而异，是主要光合器官和食用部分。在同一片叶片中，顶端的组织较老，而基部组织柔嫩。

叶部是否柔嫩与温度、光照、水分和营养条件密切相关。高温、强光、干旱或缺氮等均导致粗纤维含量增加，品质降低。低温季节，地上部枯萎，叶部养分回流贮于叶鞘基部和根系，促使叶鞘基部膨大呈葫芦状小鳞茎。各种囤韭栽培都是依赖贮存养分进行的。在不见光的黑暗条件下，叶片和叶鞘黄化，组织柔嫩，故可采取遮光、培土、铺粪等措施生产韭黄。

☞ 6.韭菜的花有什么特点?

2年生韭菜进入生殖生长阶段,顶芽发育成花芽,每年可抽生花薹。花薹绿色,高26～75 cm,三棱形,是食用器官之一。花薹(花茎)顶端有一个锥形花苞,苞内为伞形花序(彩图02)。一般抽薹15天左右花苞苞被破裂露出小花。每个花序有小花30～60朵,最多可达180朵。散苞后5～7天小花由外向内依次开放。每朵小花有花被6片、雄蕊6枚、雌蕊1枚,雌蕊位于中央。花可开放20天。韭菜的花为虫媒花,而且,一般雄蕊发育比雌蕊早,也就是开花数日之后雌蕊才长到应有的高度,所以,异花授粉的机会多,留种时要严防天然杂交。

韭菜播种的当年一般不抽薹开花,必须要长到一定大小,并积累一定的营养物质,经过低温春化过程,再遇到长日照和高温条件才能抽薹开花。春季只收割一刀的韭菜,7～8月份抽薹开花率为30%左右;如果多次收割,积累的营养物质不够,植株很少抽薹。另外,远距离引种,特别是南种北引,容易抽薹。

☞ 7.韭菜的果实有什么特点?

韭菜的果实为蒴果,三棱形,内分3室,每室有两粒种子,成熟时易脱落。种子呈盾形,有背部和腹部两面。腹面较平,背面凸出,脐面突出。种子银黑色,皱纹多而细密,蜡质层较厚而且坚硬,不易透水,所以发芽缓慢。种子休眠期极短,千粒重4～6 g,寿命1～2年,播种时最好选用当年新籽。

☞ 8.韭菜一生分为哪些生育周期?

韭菜的生长发育周期,包括营养生长和生殖生长两个阶段。

营养生长期是指韭菜从种子萌动到花芽分化的阶段,主要是营养器官即根、茎、叶的生长;按其生长顺序可分为发芽期、幼苗期和营养生长盛期。

生殖生长是指植物的花朵、果实、种子等生殖器官的分化和形成。韭菜的生殖生长主要包括抽薹期、开花期和种子成熟期。

韭菜的生长发育有一定的顺序性,首先是营养生长,而后是生殖生长。2 年生以上的韭菜,营养生长与生殖生长交替进行,并表现一定的重叠性。在北方,韭菜每年除历经营养生长和生殖生长两大阶段外,还在严冬季节经历回根休眠阶段。

☞ 9.韭菜的营养生长可分为哪几个阶段?各阶段有何特点?

从种子萌动到花芽分化为营养生长时期,按其生长顺序可划分为发芽期、幼苗期、营养生长盛期和越冬休眠期。

(1)发芽期　从种子萌动到第 1 片真叶出现需要 10~20 天。韭菜的种子细小,种皮坚硬,吸水力差,种子内部贮存的营养物质少,出土慢。种子发芽以后,子叶的尖端并不脱离种皮,仍留在种子内部,子叶弯曲成钩状,即拉弓出土。子叶出土伸直时,称为“伸腰”。这一阶段如果土壤缺水,幼苗易枯死,所以要提高播种质量,播种前要精心整地,适当浅播,覆盖细土并尽量保持发芽的适宜温、湿度等条件,以达到苗全苗壮的目的。

(2)幼苗期　从第1片真叶出现到长出第5片真叶(或到定植),需要80～120天。幼苗期由茎盘基部陆续长出须根,构成须根系,根系生长占优势,地上部生长较为缓慢。这个时期的管理重点是除草,并结合灌水追肥2～3次,促进幼苗茁壮生长。当幼苗株高18～20 cm时,即可定植。

(3)营养生长盛期　从长出第5片真叶(或从定植)到花芽分化,为营养生长盛期。定植后,经过短期缓苗,植株相继发生新根、新叶,并形成分蘖,叶片迅速生长,生长量增加。从5～6叶期,腋芽开始萌动形成分蘖。植株通过分蘖,群体数量增多。加强此期肥水管理是促进分蘖、加大群体、增加植株物质积累、增强越冬能力的关键措施。

韭菜叶片的分化和生长速度因季节和品种不同而异。一年之中,4～5月份新生叶分化最多,是第1个生叶高峰期,9～10月份是第2个高峰期。不同品种每年分化叶数不同,津引1号为51.1片,豫韭菜1号为42.6片,791韭菜为38.1片。韭菜年平均7～10天分化1片叶。韭菜叶龄长短受温度的影响。在适温范围内,叶龄随温度的升高而缩短。叶片的平均叶龄为40天左右。研究表明:韭菜日平均生长速度以5月份和8月份最快,日生长量约2 cm。在叶片生长发育过程中,叶身生长早于叶鞘,当叶身停止生长时叶鞘还继续生长。

在营养生长旺期,韭菜会完成花芽分化的准备工作。花芽分化要求植株要经过一定时间的低温条件,再经过一定时间的长日照条件,而后才可抽薹开花。有些早春播种的韭菜,一部分经过了低温春化阶段,而后又经过夏季的长日照,当年秋季可抽薹开花;大部分要在当年的冬季进入休眠，第二年春季经过低温春化，夏季经过长日照，开始花芽分化，进入生殖生长阶段，秋季抽薹开花。对于以叶为产品的韭菜，抽薹开花消耗大量的营养物质，对植株是不利的，应在开花之前将花苞除去。

10. 韭菜的生殖生长分为哪几个阶段？各有何特点？

韭菜属于绿体春化作物，当植株长到一定大小积累一定量的营养物质后，才能感受低温通过春化后，进入生殖生长阶段，开始花芽分化、抽薹开花。

据研究，韭菜抽薹开花要求低温和长日照条件，延长光照时间可促进抽薹。如果将 2 年生韭菜放在高温条件下处理，植株不能抽薹开花。说明 2 年生韭菜还必须重新感受低温才能抽生花薹，只是所需低温时间有所缩短。

(1)抽薹期　从花芽分化到花薹长成，花序总苞开裂为抽薹期。抽薹时营养集中于花薹生长，暂停分株。生长健壮的植株抽薹率高，且花薹粗壮。生长弱小的植株抽薹率低，甚至不能形成花薹。华北平原地区，韭菜多在 4 月中下旬播种，当年很少抽薹开花，直到翌年 5 月分化花芽，7 月抽薹，8 月开花，9 月种子成熟；因此，韭菜完成一个生育周期经历 2 年时间。假若春季播种早，满足了花芽分化对低温的要求，当年秋季将有部分植株抽薹开花，使营养器官生长受到严重抑制，植株长势减弱，翌年产量明显降低。据试验，在长江流域 9 月 22 日、2 月 19 日和 4 月 5 日播种的韭菜，抽薹率分别为 80％、14％和 1％，而 4 月 20 日播种的未出现抽薹现象。韭菜花薹可以食用，但为了保证韭薹品质和减少养分消耗，应及时采摘鲜嫩花薹上市。

韭菜以嫩叶为产品，应防止过早抽薹开花。2 年生以上的韭菜，除采种地块外，应在抽薹后及时采摘花薹，借以减少营养消耗，保证叶部正常生长。

(2)开花期　从总苞开裂到整个花序开花结果为开花期。花期一般 7～10 天，单个植株间抽薹开花期相差 15～20 天，所以种子成熟很不一致，应分期采收。

(3)种子成熟期　从开花结束到整个花序种子成熟为成熟期。韭菜从开花到种子成熟需 30 天左右。种子的采收期一般是 8 月下旬至 9 月下旬。种子采收后，植株又转入分株生长，到第二年夏季再转入生殖生长。

11. 韭菜有哪几种休眠方式?

韭菜在长江以南地区，大多数品种冬夏常青，但在北纬 30°左右地区，也有不少品种冬季地上部叶片和假茎枯萎，待温度升高后再萌发生长。在北方冬季，韭菜地上部枯萎，养分运输到地下鳞茎、根茎中贮藏，在土壤保护下以休眠状态越冬，直到来年春天气候转暖、土地化冻后才萌发生长。由于地区不同，气候条件不同，使韭菜形成了不同的休眠方式。

(1)根茎休眠　韭菜的地上部分在－7～－5℃的低温条件下完全干枯，地下部分进入休眠状态。地下部分再遇到适宜温度，才能打破休眠，萌发生长。北方的韭菜品种都属于这种类型。为保证安全越冬和翌年高产，在越冬前应促进植株养分积累，并浇足冻水，确保根系在土壤保护下越冬。

(2)假茎休眠　生长期间遇到不适宜的温度，叶片养分回流到假茎和鳞茎中，即可进行休眠；休眠时生长停滞，少量叶片干枯，环境条件适宜时重新生长。

(3)整株休眠　休眠时养分继续保留在整株体内，叶片不干枯，只表现为暂时生长停滞或缓慢。在温度条件适宜时，便可旺盛生长。

12. 多年生韭菜有何特点？

韭菜播种一次可连续收获多年。在中国南方可周年生产，四季常青。北方春、秋两季为生长收获旺季，夏季"息伏"，冬季地上部枯萎以地下根茎越冬，翌春返青生长。

韭菜之所以能够多年生长，是因为它具有较强的更新复壮能力，地上部不断形成新的分蘖，地下部不断发生新根，使植株的营养器官处于幼龄、新生阶段，始终保持旺盛的生命力。影响韭菜生活年限长短的外因，主要是栽培条件和管理技术。在精细的栽培条件下，植株可多年不衰，否则 4～5 年便呈现衰老现象。实践表明：栽植密度大小，每年收割茬次多少，以及追肥、浇水、培土、防治病虫等技术措施，直接影响收获年限的长短。为了持续高产应严格控制收割茬次，加强肥水管理，防病灭虫，提高植株的营养状况，保持旺盛的更新复壮能力。如果管理得好，韭菜寿命可达二三十年之久；一般的管理条件下，7～8 年之后植株便开始衰老。

13. 韭菜生长过程中对温度有什么要求？

韭菜属于耐寒宿根性蔬菜，对温度适应范围较广泛，因而无论是在寒冷的北方地区，还是在炎热的南方地区，都可以越冬、越夏，为多年生蔬菜。

韭菜耐寒性好。一般种子贮藏适宜 5℃或更低；叶片只能忍受短期低温；当气温降至－2～2℃时，有些品种的叶片开始枯萎。地下根茎在土壤保护下可耐－40℃的严寒。不同品种对低温的反应有明显差异。如南京马鞭韭耐寒性较弱，入冬后地上部枯萎，而寒青、汉中冬韭等品种有较强的耐寒性，入冬后还可缓慢生长。一般品种当月平均气温降到10℃以下时生长缓慢，但假茎粗壮，叶片肥厚；低于3℃时生长处于停滞状态，叶尖变紫；气温降到0℃以下时叶尖变白逐渐枯萎。但耐寒性较强的品种，可耐短期－4～－2℃的低温。处于休眠状态的根株，当日平均温度回升到2～3℃时，地上部开始萌动生长；随着气温升高，韭菜生长速度加快。

韭菜耐寒而不耐高温。在高温下叶生长缓慢或停滞，组织老化。叶片中粗纤维含量与气温呈正相关。当气温超过23℃时植株营养物质积累减少，叶纤维化程度增加，产量低，品质劣；尤其在高温、强光和干旱条件下，质地粗硬，商品价值差。所以夏季露地生产的韭菜品质不好，而春、秋季节是韭菜生长的适宜季节。

韭菜的适宜生长温度是12～24℃。不同生育时期对温度要求不同。种子发芽的最低温度为2～3℃，适宜温度为15～18℃。从播种到出土所需天数，取决于地温。如北京地区，“惊蛰”播种，播后20天才能出土；“清明”播种，12～15天出土；“立夏”播种，只需6～7天就可出土。幼苗生长适宜温度在12℃以上。产品器官形成期的适宜温度范围为12～23℃。抽薹开花期对温度要求较高，一般为20～26℃。在适温范围内，韭菜的生长速度与温度呈正相关。所以，露地韭菜从返青以后，收获的间隔天数越来越少；过了盛夏以后，收获的间隔天数又开始增多。露地韭菜从返青到收割约需40天，从第1次收割到第2次收割只需

25天；温室韭菜18～20天就可收割1次。

韭菜对温度的适应性与其他环境因子有关。在干燥条件下韭菜耐低温能力较低，而湿润地条件下耐低温能力提高。光照和空气湿度也可改变韭菜对温度的适应性，例如，韭菜在温室中栽培，由于室内光照度弱，空气相对湿度大，虽然温度经常高达28～30℃，仍能正常生长，且品质鲜嫩。

14. 韭菜生长过程中对水分有什么要求？

喜湿的根系和耐旱的叶型决定了韭菜生育期间要求较低的空气湿度和较高的土壤湿度。适宜的空气相对湿度为60%～70%，土壤湿度为田间最大持水量的80%～90%。低温高湿下易感染灰霉病，高温高湿下易发生疫病。所以冬季温室生产时，控制空气湿度非常重要。韭菜的不同生育期对水分的要求不同。韭菜种子吸水缓慢，发芽期要求较高的土壤湿度，一般土壤含水量达到70%以上，水分才能透过种皮的角质层，使种子吸水膨胀。幼苗期生长缓慢，需水较少。韭菜以嫩叶为产品，水分是决定产量和品质的主要因素，所以在旺盛生长期，尤其是收割期应保证充足的水分，水分不足不仅长势减弱而减产，而且叶肉纤维增多而丧失柔嫩的特点。夏季高温多雨季节要减少浇水，注意排水防涝。田间积水不仅影响根系呼吸、抑制生长、引起植株生理失调、诱发病害，还会导致根系腐烂，引起植株死亡。

15. 韭菜要求什么样的光照条件？

韭菜属长日照植物，诱导花芽分化、抽薹、开花都要求长日照。生长发育期间要求中等强度的光照，具有较强的耐阴性。光照过强植株生长受到抑制，叶肉组织粗硬，纤维素含量增加，品质降低。光照过弱，叶片同化作用减弱，叶片瘦小，分蘖减少，产量降低。

韭菜的产品器官形成期，不同的品种对光照的反应也不一致，由江南引进的青韭与韭黄兼用品种，在冬季温室中生产，表现生长迅速。

16. 韭菜需要什么样的土壤?

韭菜对土壤的适应性较强，无论黏土、壤土或沙壤土均可栽培。但因根系较小，吸收能力较弱，最好选择土层深厚、富含有机质、保水保肥能力强的肥沃壤土。

韭菜对盐碱土壤有一定适应能力。据试验，在含盐量0.2%的土壤上韭菜可正常生长，但幼苗期只能适应0.15%的含盐量，成株能在含盐0.25%的土壤上正常生长。盐碱地栽培韭菜，首先选择含盐量低的地块育苗，植株长成以后再移到本田。

17. 韭菜需肥有何特点?

露地栽培韭菜，为了适应跳根的需要，每年要多施农家肥，压土压沙，所以要选低洼、排水良好的地块，这样利于灌溉，且不会造成涝灾。保护地栽培韭菜，可通过覆土对土壤进行改良。

韭菜对肥料的要求以氮肥为主，配合适量的磷、钾肥。每生产1 000 kg韭菜，需要氮1.5～1.8 kg，磷0.5～0.6 kg，钾1.7～2.0 kg。充足的氮肥可使叶片肥大柔嫩，假茎粗壮，叶色鲜绿。钾肥可促进细胞的分裂和膨大，加速糖分的合成与运转，同时钾肥也可以促进根系的发育。磷肥可促进植株对氮肥的吸收，提高产量和品质。韭菜应注意有机肥的使用，可改良土壤结构，提高土壤透性，促进根系生长，但有机肥必须充分腐熟，以免引发根蛆。

韭菜耐肥力强，过量施肥时，基本看不到遭受肥害的现象。韭菜对贫瘠土壤也有一定的适应性。其需肥量因年龄的不同而不同。1 年生韭菜植株小，耗肥量较少；2～4 年生韭菜分蘖力最强，是产量高峰期，应根据收割茬次和产量增施肥料。5 年生以上韭菜，为防止早衰和促进更新复壮，也应加强肥水管理。

不同生育期的需肥量有一定差异。幼苗期生长量小，耗肥量少，但因根系吸肥力弱，在施足基肥的基础上还应分期追施速效性肥料。营养生长盛期，尤其是春、秋收割季节应分期追肥。

☞ 18. 什么是分蘖？韭菜分蘖与产量有何关系？

韭菜具有分蘖的特性，是韭菜更新复壮的主要形式。其过程是，从靠近生长点的上位叶腋处分生腋芽，分蘖初期腋芽与原有植株同包被在叶鞘中，随着腋芽生长增粗，叶鞘胀破，腋芽发育成独立的新蘖株。

韭菜分蘖能力的强弱和分蘖数目的多少，直接影响植株寿命和产量。分蘖力强的品种，一般栽培年限较长，进入产量高峰期所需时间较短，并容易获得高产。春播 1 年生韭菜，当植株长出 5～6 片叶时就可发生分蘖，以后逐年进行，每年分蘖 1～3 次，以春、秋两季为主，每次分蘖 1～3 个。

韭菜分蘖能力的强弱与品种、植株年龄和植株的营养状况有关，也受施肥水平、繁殖方式和环境条件的影响。天津郊区主栽品种中，天津大黄苗、津引 1 号分蘖能力最强，天津大青苗次之，天津卷毛韭分蘖力较弱。生产中一般应选择分蘖力强的品种。

定植后 2～4 年生韭菜生长旺盛，分蘖力最强，为产量高峰期。以后植株既不断形成新的分蘖，又不断发生老蘖株的衰亡，使每穴的分蘖数量基本保持动态平衡。韭菜群体产量是由单位面积株数和单株平均重量所决定。其中，单位面积株数取决于播种量和分蘖能力的强弱，因而分蘖力强的品种应适当减少播种量或栽植密度。单株平均重量品种间差异较大，即使同一品种不同植株也有轻重之别，对韭菜产量起决定性作用的是生长健壮的有效分蘖。抽薹开花需消耗大量的营养物质，易使新形成的分蘖处于饥饿状态而成为无效分蘖。另外，逐年分蘖使株间相互拥挤，株丛内部通风透光不良，使内部蘖株处于郁闭状态而死亡。

韭菜每年分蘖次数和每次分蘖株数主要取决于植株营养状况，而播种期、播种量、栽植密度、每年收割次数和栽培管理技术也直接影响分蘖力的强弱。如果播种过晚或播种量太大，当年分蘖数明显减少。假若栽植过密，每年收割次数过多或肥水供应不足，都将降低植株的营养状况，使分蘖次数及每次分蘖株数相应减少。

☞ 19. 什么是跳根？跳根对韭菜的产量有什么影响？

韭菜跳根是由于不断分蘖所致。由于分蘖是在靠近生长点的上位叶腋处发生，新形成的分蘖必然位于原来植株茎盘的上部，当腋芽发育成新的植株时，便从新植株茎盘的边缘长出新的须根，因而新的须根必然出现在原有根系的上方，随着分蘖有层次的上移，生根位置不断上升，使新的根系逐渐接近地表，这种现象称为“跳根”（彩图 03）。

根系的更新复壮靠分蘖来实现。分蘖力强弱是决定跳根快慢的主要因素。分蘖力强的品种，根系上移较快。跳根高度与定植深浅和施肥方式也有关。栽得深者一次跳根高度大，定植浅跳根高度小；浅层施肥容易使根系上浮，加快跳根；多施基肥和适当深施追肥对减慢跳根具有一定的作用。跳根容易使根状茎和根系裸露，加快根系衰亡，致使韭菜长势削弱，植株寿命缩短，出现散撮和倒伏现象，产量和品质降低。因此，韭菜生长期间应分期培土。韭菜每年跳根高度取决于分蘖次数和收割次数。每年收割 4～5 次，其跳根高度 1.5～2.0 cm，这可作为确定每年培土厚度的依据。

为降低跳根对韭菜生长的不利影响，可选用分蘖力中等的品种，适当加大播种量，提高栽植密度，弥补分蘖力弱的不足；对于分蘖力强的品种采用沟栽并适当深栽，随着根系上移及时培土铺粪；增施基肥，深施追肥，避免地表撒施，可延缓跳根速度，延长韭菜寿命，以利持续高产。

三、韭菜的类型与品种

☞ 20. 韭菜可以分为哪几种类型？代表品种有哪些？

中国韭菜类型和品种丰富，按食用器官可分为叶韭、花韭、叶花兼用韭和根韭 4 个类型。

(1)根韭　主要分布在云南省的保山、大理、腾冲等地，当地称披菜，别名山韭菜、宽叶韭菜等。叶片生长繁茂，根系粗壮肉质化，花薹肥嫩，但很少形成种子，行无性繁殖。根韭的分蘖力强，生长势旺，容易栽培。以食根为主，可加工腌制或煮食；花薹可炒食。

(2)叶韭　叶片宽厚、柔嫩，抽薹率低，分蘖性弱，以食叶为主。

(3)花韭　叶片短小，质地粗硬，分蘖力强，抽薹率高，以采食花薹为主。优良品种有四季薹韭、平丰薹韭王等。

(4)叶花兼用韭　目前栽培的大部分品种多为叶花兼用韭。其叶片肥嫩，花薹发育良好，均可食用。按叶片宽窄可分为宽叶韭和窄叶韭。

①宽叶韭　叶片宽厚，叶鞘粗壮，叶色浅绿，品质柔嫩，生长势旺，产量较高，但香味稍淡，易倒伏，适于露地栽培和软化栽培。主要优良品种有：北京大白根、天津大黄苗、津南青韭、天津卷毛韭、张家口马蔺韭、阳原九根齐、汉中冬韭、汉中春韭、华山韭菜、宁陕宽叶韭、榆林大黄韭、豫韭菜1号、791、平韭4号、洛阳钩头韭、寿光独根红、寿光黄马蔺、诸城马蔺韭、长治马蔺韭、怀仁韭菜、赤峰韭菜、多伦黑韭菜、兰州歪头韭、兰州白根韭、哈密马兰韭、洮南马蔺韭、舟山阔叶韭、嘉兴白根、成都犀浦韭、阜丰一号等。

②窄叶韭　叶片窄长，叶色深绿，纤维稍多。叶鞘细高，直立性强，不易倒伏。香味浓，品质优，产量较宽叶韭略低。耐寒性较强，适于露地栽培和各种囤韭。优良品种有：北京铁丝苗、天津大青苗、保定红根韭、陕西千阳线韭、陇县线韭、榆林黑站韭、定边窄叶韭、哈密钩韭、临泽毛韭、营城二丕子、银川紫根韭、银川白根韭、太原黑韭、平陆青韭、绍兴雪韭、日照线韭等。

21. 韭菜有哪些优良品种？各有什么特点？

韭菜原产于我国，品种丰富。在生产上选用品种时，应了解不同品种的区域性和季节性。不同品种对气候的适应性不同，应选择在当地气候条件下适应性最强、产量最高、品质最优、消费者最欢迎的品种。其次要注意品种的季节性。由于韭菜在不同季节中有多种栽培方式，并要求有适宜的品种。如露地丰产栽培，宜选叶片肥大宽厚的品种；冬季保护地栽培宜选耐寒的品种，夏季覆盖栽培宜选耐高温、高湿及抗病的品种；软化栽培宜选植株粗壮、恢复生长快的品种；瓦筒等扣栽宜选叶片直立，不向四周偏离的品种等。

(1)马蔺韭　又名马兰韭、大青苗，原产于内蒙古自治区呼和浩特市等地，在我国各地的分布很广，但以西北地区栽培较多。马蔺韭叶簇生直立，株高约 40 cm；叶片宽而肥厚，淡绿色；叶鞘长，叶鞘断面圆形；鳞茎肥大；花薹少，抽薹晚；耐热，夏季生长迅速；耐寒能力差，入冬后地上部分易枯萎；品质好。适宜软化栽培生产韭黄。在我国北方常用于温室、大棚栽培，在早春淡季收割青韭。

(2)北京铁丝苗　原为河北省霸州市一带的农家品种。叶簇直立，株高 40 cm 左右，分蘖性强。叶片细长呈三棱形，叶绿色，叶宽 0.36 cm，叶长 37 cm。叶鞘部分较细，断面呈圆形。叶片和叶鞘均为绿色，但叶鞘的外皮呈紫红色。生长迅速，分蘖能力强，鳞茎小，适于密植。香味浓厚，品质较硬。适于囤韭栽培。

(3)北京大白根　原为河北省河间县农家品种，在北京栽培已有近 80 年的历史。株高约 50 cm，叶簇近直立。叶扁平宽厚，长 45 cm 左右，宽约 0.67 cm，叶色淡绿。叶鞘粗短，基部白色，横断面扁圆形，叶肉厚，品质柔嫩，香味淡，纤维少，产量高。植株的分蘖能力弱，耐寒力中等，适宜露地和保护地栽培。经软化后假茎白色，粗似小葱白。

(4)钩头韭　北京市栽培品种，1959 年由河南省洛阳市引进。叶簇较直立，株高 40～50 cm。叶片宽大肥厚，叶长 37～44 cm，宽 0.8～1.3 cm。特征是叶片先端向上弯曲成钩状，故名钩头韭。陕西省咸阳也有这样的品种，称为环环韭，也名钩韭，又称蝎子尾韭。叶鞘浅绿色，耐寒性及耐热性均强，分蘖力较弱，产量高。叶鲜嫩，品质好。叶鞘粗状，高温夏季不易倒伏，适于露地栽培及覆盖栽培。

(5)大黄苗　天津市地方品种，颜色浅绿，故称大黄苗。叶宽可达 1 cm 以上。叶尖较钝，中肋不明显。叶鞘粗，横断面为扁圆形。分蘖性强，产量高。再生能力强，遭遇虫害后容易恢复。花期晚。易倒伏。早春生长速度慢。纤维少，品质好。适于露地、风障及覆盖栽培。

(6)小黄苗　天津市地方品种，叶形与叶色均同于大黄苗，但叶片较窄，叶鞘较细，横断面近圆形，品质好，较大黄苗产量低，但抵抗力较强。适于露地及覆盖栽培。

(7)大青苗　天津市地方品种。叶簇直立，叶色深绿，叶片较狭而长，叶鞘横断面圆形，春季生长快，分蘖力弱。适于露地及覆盖栽培。

(8)天津铁丝苗　天津市地方品种。叶色深绿，叶片横幅较窄，叶肉组织较厚。春夏分蘖数较少，秋分后分蘖最强，丰产的高峰期在秋季，是供应秋季市场的良好品种。

(9)立青苗　天津市地方品种。植株向上直立生长，叶部不垂不曲，叶肉厚，生长势强。春天萌芽最迟，不适于春季早熟栽培。产量高于青苗，次于黄苗。因为植株直立，不向四外开展，适于雨季瓦盆覆盖的软化栽培。

(10)卷毛　天津市地方品种。叶色深绿,叶尖略呈弯曲状,中肋比较明显。假茎近扁圆形。分蘖力中等。适应高温性强。抗病性强。纤维少,品质柔嫩。春季萌芽期早,为当地早熟品种,适于早春风障栽培和露地覆盖栽培。

(11)天津青韭　从西北卷毛品种的变异单株中经系统选育而成,可比原品种增产 15%。天津青韭的鳞茎长 2.48 cm,叶鞘长 13.4 cm;叶长 32 cm,宽 0.89 cm。抗逆性强,适应性广,丰产性好,露地及保护地栽培均可。

(12)保定红根韭　河北省保定市地方品种。叶片细而厚,叶色深绿,生长迅速而不易倒伏,叶鞘基部紫红色。香味浓,产量高。适于保护地栽培。

(13)张家口马蔺韭　河北省张家口市地方品种。叶片宽,上部扁平,类似马蔺草,故名马蔺韭。叶色深绿,生长速度较慢,抗低温能力强,产量高,品质好。适于露地栽培,也适于保护地栽培。

(14)寿光马蔺韭　山东省寿光县地方品种,济南普遍栽培。引至黑龙江省栽培,生长也较良好。植株低矮。叶宽约 0.45 cm,扁平、深绿色。产量高,品质好,但如果采收不及时,叶片容易变黄。叶鞘白色较长,培土后可增至 3～4 cm,适于露地早熟栽培和温室、大棚栽培。

(15)山东青马蔺韭　山东省济南市地方品种,植株高大,35～50 cm。叶片宽 0.6～0.8 cm,色浓绿。开花期迟,花薹多而细。抗低温与高温性能都强,适于春夏栽培。

(16)大金钩韭　山东省诸城、高密等县地方品种。植株较粗壮。叶绿色,宽 1 cm 左右,叶尖略弯曲反转成钩状。分株力中等。耐寒力较强。叶簇较直立。产品形成时株高可到 43～50 cm。品质好,辛香味浓。灰霉病发生较轻,产量高。属于根茎休眠品种。

(17)寿光独根红(9-1)　山东省寿光县农家品种。高产优质,且芳香性物质含量高。植株高大,叶色浓绿,属于根茎休眠品种。叶尖稍尖,无白头。叶宽1.0～1.4 cm,伸直长度40～69 cm。自然株高50～60 cm。鳞茎以上部分伸直长度60～98 cm。假茎基部呈淡紫色,高20～25 cm,粗0.4～1.2 cm。最大株重50 g。6月上旬至7月下旬抽薹,薹高而粗;商品薹高80～90 cm。分蘖能力弱,长势强,抗寒性强,适于冬春保护地栽培和露地栽培,是适于生产韭黄、韭青、韭薹不可多得的高产、优质、高效良种。一般亩产韭菜3 000～4 000 kg,亩产韭黄2 500～3 500 kg,韭薹1 000 kg。

(18)寿光9-2　已有9年的栽培历史。叶色浓绿,叶片宽厚,叶片最宽达1～2.5 cm,叶尖钝,叶片上冲。自然株高50～70 cm。鳞茎以上部分伸直长度70～80 cm。假茎高20 cm,春季略带银白色;假茎粗,直径达1.5 cm。抽薹晚,一般于7月下旬至8月上中旬抽薹,薹特粗。商品薹高60～70 cm,开花后最高可达1.07 m。最大株重50 g。高产、优质、抗病,但耐寒性低于寿光独根红(9-1)。最适于早春保护地栽培。一般亩产3 000～4 000 kg。

(19)寿光薹韭一号　山东地区采取保护地栽培,能于4月上旬开始抽薹,为目前抽薹早、效益较高的薹韭品种。自然株高40～50 cm,伸直长度60～70 cm。叶片上冲,浅绿色,宽1 cm左右,扁平状,中间有空腔。商品薹高50～60 cm,开花后薹高60～70 cm,中间有空腔,味淡。种子产量较低。抗热。抗病虫害。分蘖力极强,适于稀植。兼产韭黄或韭青。一般亩产韭薹600～1 000 kg,产韭青或韭黄1 500～2 500 kg。

(20)寿光薹韭二号　植株高大,自然高度50～60 cm,

伸直长度 70～80 cm。叶片深绿色，宽 1～1.3 cm，扁平状，中间有空腔。抽薹期较薹韭一号晚 15 天左右。保护地栽培。能于“谷雨”前后抽薹。韭薹和韭菜的产量都高于薹韭一号。韭薹高 60～70 cm，中间有较细的空腔，味淡。分蘖力中等。兼产韭黄或韭青，产量高于薹韭一号。一般亩产韭薹 700～1 000 kg，或韭黄 2 500～3 000 kg，或韭青 3 000～3 500 kg。

(21)洛阳沟头韭　河南省洛阳市地方品种。株高 50 cm。叶宽 0.6 cm，色浓绿，叶肉厚，先端弯曲反卷成钩状。抗倒伏性强。品质良好。分蘖性较弱。适于露地及保护地栽培。

(22)791　河南省平顶山市农业科学研究所育成。株高 50 cm 左右。叶簇直立，功能叶上举，生长势强，叶鞘长而粗，叶片厚，叶宽 1.2～1.3 cm，叶色较淡(彩图 04)。单株重 5 g 左右。分蘖力强。粗纤维少，品质好，产量高，抗寒性强，冬季回芽晚，春季发芽早，属假茎休眠，抗湿耐热，味淡，不耐贮运。一般亩产韭菜 3 000～4 000 kg。是理想的晚秋和初冬上市的韭菜良种。

(23)平韭 2 号　平韭 2 号是河南省平顶山市农业科学院研究所选育的新品种，具有早熟、优质、抗病、耐贮运、高产等特点。株高 50 cm 以上。分蘖能力强，单株每年分蘖 5～7 个。叶片宽大而肥厚，叶色深绿。早春萌发早，可比 791 早上市 3～5 天，比其他品种早上市 10～15 天。生长速度快，产量高，比一般品种可增产 18%～40%。叶鞘粗，辛辣味浓。耐贮存，夏季存放 58 h 后仍保持鲜绿。

(24)韭杂 1 号　河南省平顶山市农业科学研究所育成的一代杂种。株型较直立，生长旺盛。株高 54 cm 以上。单株叶数 6 片左右。叶鞘粗壮，宽 1.1 cm。叶色深绿。辛辣味浓。春季返青早。花薹和鲜韭产量高。

(25)竹竿青韭　黑龙江省佳木斯市的著名品种。适应性强,秆状,直立,不倒伏。株高 42 cm。叶剑形,绿色,叶宽 0.5～1 cm。鳞茎皮白绿色,叶鞘较长。抗病丰产。适于保护地和露地栽培。

(26)吉林大马蔺　吉林省图们市品种。植株高 30.7 cm,叶宽,叶色深绿,叶鞘绿白色,单株重 4.5 g,成熟期较晚,抗倒伏性强,品质良好。

(27)站秧白　吉林省四平市地方品种。植株直立,叶先端下垂,株高 29 cm,分蘖性强,叶色深绿,叶片横幅较宽,叶鞘绿白色,成熟期较早,抗倒伏性中等,品质优良。

(28)三棱韭　又名马棱韭,辽宁省沈阳市地方品种,在我国东北部栽培较多。叶片窄而长,青绿色,叶片背面中间隆起,断面呈三棱形。不易倒伏,产量高。叶片生长快,早熟性好,辣味浓,品质好。

(29)沈阳马蔺韭　辽宁省沈阳市地方品种。叶片宽,叶肉薄,品质较好,但易倒伏变黄,生长发育比三棱韭慢。栽培面积较广。

(30)黑站韭(黑韭)　陕西省榆林地方品种。叶簇半直立,深绿色,株高 33～46 cm、开展度 23～26 cm。叶片长 33 cm 左右,宽 0.8～1 cm。叶鞘横断面圆形,横径 0.5～0.6 cm。叶鞘入土部分淡紫红色。韭薹短而细。春季萌芽迟,分蘖力弱。耐寒,耐旱,耐瘠薄,抗病虫,产量高,香味浓,品质好。

(31)白绵韭　陕西省长安地方品种。叶宽 0.9 cm,叶厚 0.1 cm,叶鞘横断面圆形,花期较早,产量低,抗寒性强,生长快,春季萌芽较早,可作软化栽培。

(32)山绵韭　陕西省长安地方品种。据说最初为秦岭野生种。叶宽 1 cm 多,叶厚可达 0.2 cm。叶鞘较粗,横断面扁圆形。韭薹发育壮、粗而长。春季萌芽迟。产量高,品质好。

(33)汉中冬韭　为陕西省汉中地区的农家品种。淡绿色,长势强,叶簇直立。自然株高 40～50 cm。叶宽0.5～1.5 cm,叶片长 30 cm 左右,叶尖钝。假茎粗 0.4～0.6 cm,高 6～20 cm。叶鞘白色。抽薹晚,一般于 8 月上旬开花。分蘖能力中等。汉中冬韭属于分株性不强的品种,抗寒性强,休眠期短,返青早,在低温下生长速度快。叶柔嫩,纤维少,辛香味略淡,商品性好。抗灰霉病能力差。一般亩产 3 000～4 000 kg。适于冬春保护地栽培。

(34)汉中春韭　陕西省汉中地方品种。植株生长中等。叶片狭长,绿色,宽 0.5～0.8 cm。叶鞘较短,横断面圆形。耐寒性差,受霜冻后即凋萎。春季萌芽早,生长速度快。质细嫩,味佳,品质上等。

(35)甘肃马蔺韭　又称大韭、宽韭,分布于甘肃省河西一带。植株生长势健壮,叶片宽大而肥厚,色深绿。生长快,丰产,质优,抽薹期早。

(36)兰州小韭　又名红韭、白根韭,是叶花兼用的宽叶韭品种。甘肃省兰州市地方品种。植株高大,高 40～45 cm。叶簇直立,叶数较多,叶片长 41～45 cm,叶宽 0.75～0.9 cm,叶厚 0.15～0.2 cm。叶色浓绿。夏季抽生花薹,圆柱形,长 40～45 cm,横径 4～6 mm,粗细均匀,基部略带白色,纤维少。分蘖力强。青韭味鲜嫩。该品种生活力强,不易衰退,一般播种后寿命可达 10～20 年,最长可达 30 年。适应性强,抗寒,耐霜冻,适宜软化栽培。

(37)银川窄叶韭　宁夏回族自治区银川市地方品种。叶片稍窄,叶肉较薄,分蘖性强,味浓,耐寒。抗韭蛆力强。

(38)宁夏马蔺韭　宁夏回族自治区地方品种。叶绿色,叶鞘扁圆,分蘖性中等,质嫩,味稍淡,品质优良,耐寒力不如窄叶韭。

(39)春韭　在上海栽培数十年,分布在上海市郊区及宝山、嘉定等地。叶簇较直立,株高 40 cm。叶绿色,叶幅长 36~40 cm,宽 0.6~0.8 cm。叶鞘粗,圆形。该品种冬季温度低时,生长较慢;春季来临,生长迅速;品质良好。适于露地栽培及培土软化栽培。

(40)强韭　上海市地方品种,栽培历史已逾多年。分布在上海郊区及宝山、浦东、嘉定等地。叶簇较直立,株高 40 cm 左右。叶绿色,叶长 36~40 cm,叶宽 0.8 cm。叶鞘扁圆形,横径 0.8 cm。抗低温能力强,在冬季仍然继续生长。可露地栽培,也可软化栽培。

(41)阔韭(葛蒲韭)　上海市郊区栽培。叶长 50 cm,叶宽约 0.6 cm,叶片暗绿色,质硬,耐寒性较强。宜作软化栽培。

(42)寒青　南京市地方品种。叶片厚而较长。叶鞘较长,基部略带红色。耐寒能力强,虽在露地越冬,植株也不至冻死。品质优良,香味浓郁。一般作为秋季软化栽培,也可以作春季早熟栽培。

(43)马鞭韭　江苏省南京市、安徽省等地市品种。植株直立。叶片宽而扁平,先端圆钝,叶肉厚。不倒伏。耐寒力弱。地上部在冬季易枯死,夏季耐炎热。可作露地青韭栽培,也可作软化栽培。

(44)红鞘韭　江苏省南京市郊区栽培。叶尖而狭细,叶鞘基部红色,鳞茎较小,纤维较多,品质较差,但再生能力强,可增加收割次数,丰产。一般多作露地栽培。

(45)大麦韭　安徽省合肥市地方品种。株高 43 cm,

开展度 24 cm。叶片宽 1 cm，长 37 cm，深绿色。叶鞘长 9 cm，粗 0.5 cm，白色。早熟，质地脆嫩，水分较多，香味淡，纤维少，品质好，产量高。耐涝性较差。

(46)小麦韭　安徽省合肥市地方品种。株高 31 cm，开展度 19 cm。叶片细窄，长 24 cm，宽 0.7 cm，浓绿色。叶鞘长 8 cm，粗 0.3 cm，白色。早熟。分蘖性与抗逆性均强。香味浓。水分较少，纤维略多，质地脆硬。

(47)临江韭菜　江西省青江县樟树镇地方品种，全省各地普遍栽培。叶簇半直立，株高 40 cm，开展度 48 cm。叶细长扁平，先端尖，叶长 38 cm，叶宽 0.8～1 cm。叶鞘横径 0.6 cm，绿白色。耐寒。叶柔嫩。产量高，品质好。多作露地栽培。

(48)扬子洲韭菜(扁兜子)　江西省临江县地方品种。叶簇半直立，株高 40 cm，开展度 26 cm。分蘖性中等。叶扁平而宽，叶长 37 cm，叶宽 1.2 cm，叶深绿色，微带蜡质。叶鞘扁圆形，高 14 cm，横径 0.8 cm，白色。耐寒力强。早春生长迅速，可早熟。叶片柔嫩肥厚。品质好，产量高。

(49)丰城韭菜　江西省丰城县地方品种，全省各地都有栽培。叶簇较直立，株高 44 cm，开展度 24 cm。分蘖性强。叶长 39 cm，叶宽 0.7 cm，稍带蜡质。叶鞘长 12 cm，横径 0.6 cm，横断面圆形，绿白色，入土部分为白色。耐寒力强，较耐热，纤维较多，产量高，香味浓，品质中等。

(50)雪韭　浙江省杭州、绍兴、嘉兴一带农家品种，也称“嘉兴白根”、“湖州韭菜”。夏季生长不良，冬季生长旺盛，故名雪韭。株高 50 cm 左右。叶扁平，不中空，叶宽 0.8～1 cm。假茎粗 0.5～0.6 cm，长 5～20 cm。分蘖力强，植株生长快，播种后 60 天开始分株，90 天达到收割标准。属于假茎休眠品种，10℃以下 10 天左右即可完成休眠。休眠时地上茎叶不需全部枯萎。华北地区 10 月上中旬即可通过休眠,因而是晚秋生产的良种。雪韭每年可收获 3～5 次。有的春季收青韭两次,夏季收韭薹,冬季软化栽培生产韭黄。也有的春秋各收 2～3 次越冬。还有的春季只收一次青韭,然后养苗,用于秋冬季节进行软化栽培。商品韭菜辛辣味淡,一般亩产 3 000～4 000 kg。

(51)绵韭　浙江省杭州市地方品种。植株高 40～47 cm,叶长 40 cm,叶宽 0.8 cm,叶厚 0.16 cm,浓绿色,扁平,尖端下垂。叶鞘长 10～12 cm,粗 0.8 cm。生长势强,分蘖多。耐热性强。不耐低温;冬季如果不加保护,常致死亡。可在春夏作露地栽培。

(52)黄格子　又名宝剑头,湖北省武汉市地方品种。叶簇较直立。株高 35 cm。叶片较宽而扁平。叶鞘黄绿色,长 7～14 cm,横断面为扁圆形。耐寒性强,不耐夏季高温,适于冬季培土软化栽培。

(53)青格子　湖北省武汉市地方品种。叶簇较直立,株高 32 cm,分蘖多。叶片狭长,先端尖细,叶长 30 cm,叶宽 0.5 cm,横断面圆形。耐寒力较弱,耐热力强,夏季也可收割。叶肉较粗硬,品质中等。

(54)躲冬　又名面韭,湖北省武汉市地方品种。植株比黄格子矮小,高 28～30 cm。叶片比青格子稍窄,叶长 23～25 cm,叶宽 0.3～0.4 cm,横断面三角形,青绿色。耐热力强,耐寒力差,不宜作韭黄栽培。品质、产量均低于黄格子。

(55)宽叶边　又名菖蒲韭,湖北省武汉市地方品种,汉口栽培较多。株高 30 cm 左右,分蘖多。叶片扁平带状,先端为箭头形,叶长 30 cm,叶宽 1 cm。叶鞘绿白色,横断面圆形,高约 5 cm。耐高温。产量高,品质好。

(56)韭菜　重庆市地方品种。叶深绿色，叶长30.5 cm，叶宽0.7 cm，叶肉肥厚。品质良好。生长势及分蘖力均强。喜冷凉气候，也较耐热。可露地栽培，也可软化栽培。

(57)小韭菜　重庆市地方品种。叶直立生长，叶长30.5 cm，叶宽0.35 cm。叶鞘部较细小，生长势及分蘖力均弱。耐寒力强。叶肉细嫩，香味浓。品质不如大韭菜，产量也低，但软化成韭黄，可以改进其粗硬的品质。

(58)犀浦韭菜　四川省大义县农家品种。株高45～60 cm。假茎粗0.8 cm左右，长8～20 cm。叶片绿色，叶长30 cm，叶宽0.8～1 cm。生长势强。绿叶期可耐－5℃的低温。休眠时温度高，时间短。休眠时植株生长缓慢或停滞，不出现茎叶枯萎现象。休眠过后即可恢复旺盛生长。可进行晚秋、初冬生产。

(59)西蒲韭　又名铁杆子。四川省大义县农家品种。株高45～50 cm，鳞茎直径0.8 cm左右，叶鞘长8～10 cm。分蘖较多。叶深绿色，叶片较多，叶片宽，叶长36 cm，叶宽0.7 cm，叶肉较厚。叶(假茎)粗硬，不易倒伏，不易浮蔸。产量高，品质好，较耐热、耐寒、耐湿。其根茎耐低温能力差，宜当年播种养株，当年扣棚生产。该品种属整株休眠方式的品种，休眠时温度高，时间短，茎叶保持鲜绿，故可用于连秋或秋延后生产。

(60)二留子　四川省农家品种。叶深绿色，冬季叶尖带紫红色，肉较薄，叶片细长，叶鞘较硬。分蘖力强。不耐低温。夏季生长快，冬季生长慢。遇霜全部叶片枯萎，地下部易衰老。适于夏季栽培，管理可粗放，较丰产。

(61)成都马蔺韭　四川省成都市地方品种。叶簇直立。株高40 cm左右。叶淡绿色，叶长35～40 cm，叶宽

0.6～0.8 cm,叶肉厚而软。叶鞘扁圆形,横径 0.6～0.8 cm。不耐寒,寒露节后地上部枯萎。夏季生长迅速,适于春夏季栽培及软化栽培。

(62)水韭　贵州省雷山县地方品种。株高 60 cm。分蘖能力强。叶片绿色,表面蜡粉少,宽条形,叶长 50 cm,叶宽 1.6～1.7 cm。叶鞘绿色,圆筒形。喜潮湿。品质一般,香味较淡。

(63)贵州大叶韭　贵州省晚熟品种。叶片宽厚,较直立。香味中等。抽薹较迟。主要适于软化栽培。

(64)贵州小叶韭　贵州省早熟品种。分蘖力强,叶片细软而薄,开展度较大,叶鞘短,生长力弱。以露地栽培为主。

(65)细叶韭菜　湖南省农家品种。叶窄条形,深绿色,蜡粉多。叶鞘绿白色。分蘖能力强。耐热、耐寒性较强。适宜露地栽培收获青韭。

(66)宽叶韭菜　湖南省农家品种。叶宽条形,绿色,蜡粉少。叶鞘绿白色。分蘖能力中等。耐热,较耐寒,耐旱,耐涝,抗病性强。既可作露地青韭栽培,又可作软化栽培。

(67)香韭菜　湖南省农家品种。叶肉厚,宽条形,深绿色,无蜡粉。叶鞘绿白色。分蘖能力中等。不耐寒,耐热,耐旱,不耐渍。适宜在夏季露地作青韭栽培,冬季保护地作青韭栽培。

(68)大叶韭　又名硬尾,广东省广州市地方品种。株高 40 cm,开展度 30 cm。叶较宽大而硬,叶长 30 cm,叶宽 1 cm,深绿色。叶鞘长 10 cm,横径 0.8 cm,青白色。抽薹迟,8～9 月份可采收韭菜花。分蘖中等。抗逆性强,耐寒,耐雨,尤其在夏季生长快、质地柔软细嫩。喜肥。产量高,品质好。适宜于露地和保护地青韭栽培和软化栽培。

(69)细叶韭　又名软尾，广东省广州市地方品种。株高 37 cm，开展度 40 cm。叶片细小，叶长 27 cm，叶宽 0.5 cm，浅绿色。叶鞘长 10 cm，横径 0.5 cm。品质嫩，但产量低。花期较早，6 月可采收韭花，早熟。分蘖力强，抗逆性也强，耐热、耐寒、耐雨、耐干旱力较强。

(70)洋韭菜　又名早花韭，云南省建水县农家品种。植株高大，分蘖少，抽薹早，叶片长而宽，深绿色，叶肉厚、质软。适宜采韭花。

(71)山韭菜　云南省保山县农家品种，大理县也有栽培。叶浅绿色，叶片特宽，分蘖力弱，肉质柔软，具香味，耐旱力强。春季采收青韭，秋季采收韭花。

(72)大叶韭　广西壮族自治区桂林市栽培品种，最初由湖南省引进。株高 45～50cm。叶片长而大，浓绿而肥厚，叶长 30～35 cm，叶宽 0.5～0.7 cm。叶鞘粗 0.5～0.6 cm，嫩而白。耐寒、耐湿、耐热，分蘖力中等。生长快，产量高；纤维少，品质较好。

(73)细叶韭　广西壮族自治区地方品种，以南宁、梧州、柳州栽培最广。株高 25～30 cm，开展度 20 cm。叶片细长下垂，叶长 25～30 cm，叶宽 0.5 cm，叶面平而光滑，翠绿色。生长势壮，分蘖力强，夏季高温也能生长。耐热、耐肥、耐干旱，又能抵抗病虫害。

(74)韭星一号　株高 56 cm 以上。叶宽 1 cm 以上，叶绿色，长而宽厚。叶鞘粗而长。生长迅速，分株力强，一年生单株分茬达 9 个左右，3 年单株分茬 35 个左右。单株重高达 50 g。直立性强，抗倒伏。抗寒性很强。极耐弱光，特别适宜在日光温室、塑料大棚中生产。抗病。优质高产，商品性好。

22.怎样鉴别韭菜的新种子和陈种子?

韭菜种子在一般的贮藏条件下,采收的种子超过 1 年时间就丧失了发芽力,所以生产上不能用陈种子。

(1)观察种子色泽　新种子颜色漆黑,有光泽而发亮;陈种子颜色黑而淡,发乌,无光泽。

(2)试验手感　用手插入种子堆中或种子袋里,新种子有松散、阻力小的感觉,陈种子一般阻力大。

(3)观察种脐　随手抓一把种子,攥几次张开观察,种脐部带乳白色小点多的是新种子;带小白点少,且呈黄褐色至褐色的是陈种子。

(4)对照浸泡　用已知的新种子与需观测的种子分别浸泡,2～3 天后,陈种子有刺鼻的葱蒜辣味,种皮上附着大量的气泡,新种子没有这些现象,或很轻微。

(5)进行发芽试验　9 天看发芽率,6 天看发芽势,发芽率达到 65%可以播种。

四、栽培概述

23.韭菜可分为几种栽培方式,应如何安排时间?

韭菜由于适应性强,其地下根茎发育不需过高温度,稍加保护设施,就能重新萌发生长,更因其根茎有贮藏养分的功能,在缺乏光照的条件下,不经光合作用制造新的养分,也能生产成品。韭菜有多种栽培方式,概括起来可分为露地栽培、保护地栽培和软化栽培3种类型。同时，为了调剂淡旺季供应问题，也不必像其他蔬菜进行分期播种，而是将多年生的韭菜，根据气候条件，在某一季节进行露地栽培、收获。而在另一季节，在同一块田、同一块土上再行促成栽培。如各地韭菜产区，利用生长健壮的二年生以上韭菜，从春到夏，收割青韭2～4次，夏季气温高，生长慢，不收青韭，而只收韭菜花，进行韭薹栽培；入秋以后，也可收韭1～2次或不收，以养根为主，进行培土，以利冬季进行软化栽培，采收韭黄。

24.韭菜有哪几种繁殖方式？

韭菜的繁殖分有性繁殖和无性繁殖，以有性繁殖为主，无性繁殖为辅。

(1)有性繁殖　即用种子繁殖。其特点是植株生长旺盛，分蘖力和生活力强，栽培年限长，容易获得高产。种子繁殖方法，可分育苗移栽和直播两种形式。直播可节省劳力，但用种量大，大面积占地时间长，苗期管理不善，易发生草荒，在土壤黏重或地下害虫为害严重的地区易出现缺苗断垄现象。育苗移植适于复种指数较高的地块，可节省土地，培育壮苗，选苗定植，栽植稀密一致，行株分明，便于田间管理和收割。另外，在日光温室生产中，等倒茬后再播种为时已晚，提前育苗，倒茬后定植，可以提高设施利用率，增加经济效益。育苗移栽的缺点是移栽费工。

(2)无性繁殖　又叫分株繁殖。因为韭菜是种子植物又是多年生的宿根植物，在它叶鞘与须根之间有茎盘组织，茎盘部分是细胞的新生组织，因此，从老的植株上取出一部分根茎，另行栽植，即可成为新株。这样利用根茎繁殖的方法，称为分根法，又叫无性繁殖。无性繁殖简单省事，无需播种，而且成活后，由根茎所萌发的芽长成植株，比用种子繁殖生长快，收获期可以提早。但从生长势来说，无性繁殖的植株远远不及有性繁殖，不但植株矮小，分蘖数少，而且生长年限短，容易提前衰老，产量低，品质差。

五、露地栽培

☞ 25. 韭菜露地栽培时如何选择品种？

主要根据品种的耐寒性、丰产性、商品性，同时结合当地气候、栽培方式、消费习惯等选择适宜的品种。一般来说，窄叶韭直立性强，不易倒伏，耐寒、耐旱、耐瘠薄性强，适于高寒多风、土壤肥力低、灌溉条件差的地区。宽叶韭要求高肥水条件，较易倒伏，适于土质肥沃、灌溉方便的地块。

☞ 26. 韭菜直播和育苗移栽各有何特点？

韭菜栽培可以分为种子播种和分株繁殖。

种子播种又分为直播和育苗移栽两种。播种方式有撒播、条播和穴播，栽植方式也有条栽和穴栽之分。直播法可以直接播种在畦地，无需另筑苗圃育苗，可以节约劳力。但直播法，由于地块较大，整地粗放，管理不如苗床精细，所以出苗率低，稀密不均，幼苗瘦弱，不如育苗法的苗全苗壮；尤其是黏重土壤，地面易板结，出苗难齐全。

用育苗法，由于面积小，易于精细管理，同时播种量的多少与苗床面积的大小，都可以精密计算。定植时每亩的穴数与每穴的株数，都可以悉心考虑，所以在一定单位面积内可以得到合理的叶面积指数，植株可以高产。

27. 露地栽培如何确定韭菜的播种期？

韭菜播种时期，因各地气候条件而异。一般种子发芽的适宜温度是 10℃左右，幼苗适宜温度是 15℃以上。各个地区都是根据这一标准来确定播种期的。如北京地区最早的播种期是惊蛰，最迟不超过小暑。因为惊蛰时土地已经开始化冻，10 cm 深的土壤温度已上升至 2～3℃，勉强达到韭菜的发芽温度。小暑已到 6 月下旬，旬平均气温已超过 24℃。这样的温度已经超过韭菜发芽的适宜温度的上线，所以北京种植韭菜最适宜的播种期是 4 月份。

总之，韭菜播种期的幅度较大，从土壤解冻到秋分以前都可以播种。但夏至到立秋之间，天气炎热多雨，韭菜生长细弱，不适宜播种。所以，生产上多在春、秋两季播种，且以春播为主。由于韭菜的种子有一定的抗寒能力，在较低的温度下即可萌动，又因为早春温度低时地下害虫尚未大量发生，所以，北方地区一般在土壤解冻后即可播种，长江以南地区一般在 3 月中下旬到 4 月上旬为宜。

露地栽培一般均在春、秋两季中生长和收获，夏季和冬季韭菜生长缓慢或呈休眠状态，所以人们常在夏季韭菜田间套种长豇豆、丝瓜等高架作物，既能提高土地利用率，又能适当遮阴，减少强光高温对韭菜的影响；冬季可在韭菜田间四周或行间间种小白菜等叶菜。

28.如何确定韭菜的播种量?

韭菜播种量取决于品种的分蘖能力、播种形式以及种子的发芽率。

不同品种的分蘖能力不同。分蘖能力强的品种应当适当少播,分蘖能力弱的品种应适当多播。播种早分株多应少播,播种晚分株少应多播。

播种量的多少还取决于播种形式。种子繁殖分为直播和育苗移栽两种方式。种子直播又可分为撒播、条播和穴播 3 种形式。一般穴播和条播每亩用种 2～4 kg,撒播每亩用种 5～6 kg。育苗移栽的韭菜,为了经济利用土地,可以适当密播,育苗地与大田的栽植比例为 1∶(5～8),每亩用种 7～8 kg。

韭菜用种一般都使用上年秋季收获的新鲜种子,因为陈种子发芽率低,出芽不整齐,会造成严重缺苗,影响生产。所以,播种前要进行发芽试验,发芽率低的种子要适当增加播种量。发芽率低于 65%,出苗很难整齐。

29.播种前种子如何处理?

韭菜可干籽播种或浸种催芽后播种,具体应依据播种季节、土壤墒情、气温高低及降雨量和蒸发量的大小而定。春播气温较低,蒸发量小,多用干籽播种。初夏播种气温升高,蒸发量大,为使种子乘墒萌芽出土,以浸种催芽后播种为宜。

浸种催芽的方法:在播种前 4～5 天,把种子放入 30～40℃温水中,搅拌;水温降至 15～18℃,清除瘪籽;浸泡 24 h(期间换水 1～2 次)。从水中捞出种子时进行搓洗,将种子稍晾干后用湿布包裹，放在 15～18℃ 条件下催芽，每日用清水淘洗，经 2～3 天胚根伸出（露白）即可播种。

30. 直播韭菜如何选地、整地、播种？

应选择旱能浇、涝能排的高燥地块。春播应在冬前深翻土壤，深度为 25～30 cm，并灌水冻土；秋播应在伏天翻耕，暴晒土壤，使土壤风化疏松。播种时再行浅耕，结合整地施入充分腐熟的基肥。耕后细耙使土肥均匀，土壤细碎。精细整地是保证出全苗的关键。整地后做畦，畦的规格视当地的土壤状况和水利条件而定，一般畦宽 1.2～1.7 m，畦长 6～10 m。

直播可分为条播、穴播、撒播。条播行距 20 cm 左右，播幅宽 10 cm 左右；在畦面上开沟，沟宽 10～15 cm，深 3～5 cm；沟内浇水，水渗后播种，播种后覆约 2 cm 厚的土。穴播时穴距 10～15 cm；按穴打孔，深 4～5 cm；再播种、浇水、覆土。撒播的先把畦面整平，然后落籽播种，再浇水保湿。

播种期不同，采用的保墒调温的方法也有区别。春天早播的韭菜，浇完水，用旧薄膜覆盖，既可防止水分蒸发，又能提高温度，促进出苗迅速整齐。夏季播种，由于光照强，温度高，蒸发量大，对种子发芽和幼苗出土不利，最好用遮阳网或竹帘覆盖，也可以用高粱秸或玉米秸顺垄沟摆放，这样可以遮光降温，减少水分蒸发。

31. 直播韭菜如何进行苗期管理？

韭菜播种后的主要工作是浇水、施肥、除草。从播种到幼苗出土所需天数主要与当时的温度相关。惊蛰播种需 20 天出苗；清明播种需 12～15 天出苗；立夏播种则 6～7

天出苗。

从播种到幼苗"伸腰"之前，一定要保持土壤湿润，发现干地皮就要浇水。这时浇水要轻要勤，防止忽干忽湿，防止土壤板结。发现出苗稀密不均或有缺苗断条现象，可在第三真叶出现时灌大水，趁水未渗下时拔出密集的苗，及时栽到缺苗处。韭菜长到4～5片叶后要控制浇水。但雨季难免造成徒长、倒伏而发生病害。即将倒伏前，在叶鞘上8～10 cm处高割。

为了促进幼苗的生长，在苗高12 cm左右时，施肥2～3次，每亩追施尿素10～20 kg。施肥量要根据幼苗的长势而定。施肥时，可顺水浇杀虫剂。用90%晶体敌百虫1∶1 000倍浇灌，可防治韭蛆。

韭菜萌芽出土和幼苗生长缓慢，容易形成草荒，应及时除草。在临近出苗前浅锄畦面，兼有除草和疏松地表的作用。出苗后每隔15～20天中耕1次，及时除草。化学除草可于播种出土前，每亩用50%扑草净100 g掺细土15 kg，混匀后撒于畦面；或用50%扑草净100～150 g，对水75～100 kg，用喷雾器喷洒地面。

32. 育苗移栽韭菜如何育苗？

(1)播种　选择浇水方便的沙壤土，便于苗期管理，起苗时少伤根。冬季深翻土壤，充分风化。春表土化冻15 cm时做畦，南方多雨地区做高畦，畦内施腐熟肥，每亩4 000～5 000 kg，耧平畦面准备播种。

北方多春播，南方多秋播。各地播期确定的原则是，尽量将发芽期和幼苗期安排在15～18℃的适宜条件下。此外，播种应以定植期为依据，一般株高25～30 cm，6～8片叶时定植，苗龄 75 天左右。

播种方法有撒播或条播两种。撒播的幼苗分布均匀，生长整齐一致；条播是按行距 10～12 cm、开深 1.5～2 cm 和宽 2 cm 的浅沟，沟内播种，幼苗生长期便于管理。

（2）苗期管理　苗期管理的原则是前期促、后期控，主要包括施肥灌水和中耕除草。与直播苗期管理相似。

☞ 33. 移栽苗定植时应注意哪些问题？

（1）整地施肥　定植前结合土壤耕翻施入基肥，每亩施入腐熟农家肥料 5 000～7 500 kg。土肥混合后整地做畦；沟栽的按预定行距开定植沟。

（2）定植时期　应根据播种时期和秧苗大小而定，并错开高温高湿季节。春分至清明播种的，夏至后定植；谷雨至立夏播种的，大暑前后定植；秋播的翌年清明后定植。苗高 18～20 cm 是定植的适宜苗龄。定植时应淘汰弱小苗和病苗。

（3）定植方法　定植前 1～2 天育苗畦浇水。起苗时抖掉泥土，按秧苗大小分级。有些地区定植前有剪根、剪叶的习惯。据研究，剪根剪叶对缓苗不利，使植株新根发生数减少 20%左右，平均根长减少 43%，因此，定植前不宜修剪根和叶。

（4）定植密度　密度应根据栽培方式和品种的分蘖能力来确定，以促进分蘖、持续高产、便于管理为原则。沟栽便于培土软化和田间管理，适于在肥沃土壤上栽培宽叶韭，一般行距 30～40 cm、穴距 15～20 cm，每穴 20～30 株。畦栽行距小，不能培土软化，适于青韭生产，一般畦长 8～10 m。北方多采用平畦，畦宽 1.5～1.6 m；南方采用高畦，畦宽 1.0～1.3 m。定植行距 15～20 cm、穴距 10～15 cm，每穴 6～8 株。

(5)定植深度　由于跳根的习性，沟栽韭菜应适当深栽。按行距开沟，沟深 10～15 cm，栽后封土，覆土深度以叶鞘露出地面 2～3 cm 为宜，以后随着植株生长和根系上移逐渐封土，可防止根系外露，延长生产年限。

(6)栽完苗后用脚踏实并立即灌水，灌水要足，但要防止漫垄。

☞ 34. 韭菜定植当年如何进行田间管理?

定植当年的韭菜以养根壮棵为主，一般不收割，以利于越冬，为生长发育和高产稳产奠定营养基础。主要的管理措施分为以下几个方面：

(1)浇水追肥　春播韭菜定植时逢夏季，应及时浇定植水，促进缓苗；新叶长出后浇缓苗水，以后以中耕保墒为主。雨季排水防涝，防止烂根死秧，并且要在雨后及时中耕除草。入秋后天气转凉，气温 14～24℃是最适宜生长的季节，也是肥水管理的关键时期，一般每隔 7～10 天浇水 1 次，并结合追肥 2～3 次，每亩每次追施尿素 10～15 kg。寒露以后天气渐冷，生长速度减慢，叶片中的养分逐渐向小鳞茎、根茎和根系中回流，应控制浇水，防止植株贪青。韭菜的越冬能力和翌年的长势、产量，主要取决于冬前植株积累营养物质的多少。

(2)中耕除草　韭菜田易发生草荒，尤其在高温雨季。一般应在蹲苗前中耕 1 次，中耕深度 2～4 cm，雨季连续中耕 2～3 次。结合中耕，及时清除田间杂草。

(3)浇灌冻水　北方地区入冬以后根系活动基本停止，

叶片经过几次霜冻枯黄凋萎，被迫进入休眠。为确保韭菜地下根茎免受冻害和翌年春季还青生长，在土壤夜冻日融时浇足冻水。早浇因地面尚未结冻，土壤水分容易蒸发，不能蓄水；晚浇因地面结冰难消，根系容易因缺氧窒息死亡。

35. 韭菜定植的第二年及其以后应如何进行田间管理？

韭菜定植后第二年开始收割，应以培根壮棵为中心，合理解决收割与养根、前茬与后茬、当年与翌年的关系。

(1)春季管理　当平均温度达 0℃左右，土壤逐渐消冻，韭菜开始返青。返青前清除地上部枯叶杂草，耧平畦面，整理畦埂，使植株基部充分接受阳光，提高地温，促进萌芽。返青后若土壤墒情不足，应及时浇返青水，并每亩追施尿素 15～20 kg。早春气温低，浇水时间和浇水量应控制，一般在株高 15 cm 左右再浇水 1 次；土壤墒情好，可在收第一刀后再浇水。浇水后应深锄保墒，提高土壤通透性和地温。

沟栽韭菜，除一般管理外，还包括剔根、客土、培土等技术措施。

剔根：因为穴植韭菜，每穴要栽 20～30 株，再加每年分蘖的株数不断增加，用一般中耕的方法，只能疏松株行之间的土壤，而一丛中株与株间的空隙太小，用其他的农具又难以进行，这就为虫害潜伏造成有利条件。剔根的工具，是用竹皮削成的签子，先将韭丛周围的土掘深、宽各 6 cm，再将每丛中各个植株间的土掘出，深达根部为止。这样植株与植株之间没有土粒夹隔。在剔根的基础上把向外开张的植株拢在一起，然后培土。剔根的作用有两个方面：第一，韭菜栽植株距较密，每年长出的根系常互相连接，影响新根的发育；经过剔根，株与株之间的土壤较为疏松，能改良土壤的物理性和土壤的透气性，有利于根系的发育；根系发育良好，植株才能健壮。第二，韭蛆是为害韭菜的严重害虫，冬季在表土层越冬；这种害虫最怕接触干燥空气，经过剔根后，韭蛆暴露于地面上的干燥寒冷的空气中，立刻死亡。

客土：韭菜有跳根的特性，新的根系随着短缩茎的延长年年增长。为防止植株倒伏和根茎裸露，每年需要客土，只有这样才能保持吸收器官不断新生，也只有这样才能延长韭菜的寿命(图1)。客土准备要在头一年立冬土壤未结冻前，把土整细，铺在向阳的地方，经过长期日晒充分晒干。用这种土铺在韭畦表面，不仅土壤颜色深，容易吸收光能和提高地温，促进早熟，而且还可以避免由于所加客土阴冷潮湿所引起的韭菜腐烂现象。客土的时间应在早春解冻后，

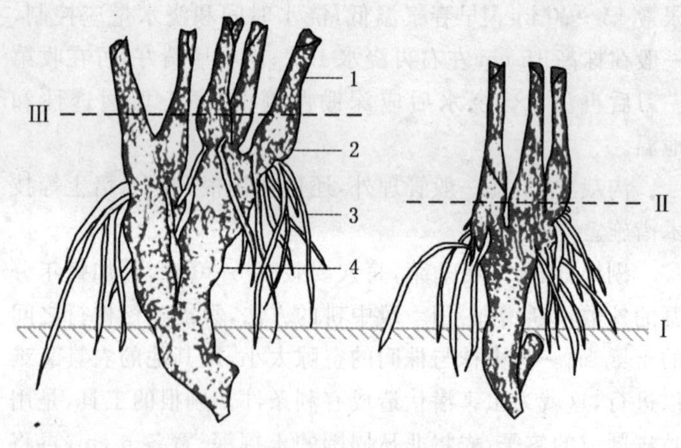

图1 韭菜跳根与覆土关系示意图

Ⅰ.定植时的地平面土层 Ⅱ.第二年的覆土层 Ⅲ.第三年的覆土层

1.叶鞘 2.小鳞茎 3.须根 4.根茎

韭菜新芽萌发前，选择晴天中午，用晒过的土在韭菜行间覆土约 2 cm 厚。

培土：多用于沟栽韭菜。在每茬韭菜生长中后期，将行间细土培于株间，使叶鞘部分处于湿润黑暗环境，加速叶鞘伸长和软化。

(2)夏季管理　韭菜不耐高温强光，夏季长势减弱，呈现"歇伏"现象，叶部组织纤维增加，组织老化，品质显著降低，一般停止收割，以养根壮棵为中心。具体措施是控制追肥，减少浇水，及时除草，防止倒伏烂秧，雨后排水防涝。

(3)秋季管理　秋季天气凉爽，光照充足，昼夜温差大，是第二旺盛生长期，也是积累营养的重要时期，应加强肥水管理和病虫害防治。从处暑至秋分，根据植株长势收割 1～2 次，每次收割后及时追肥灌水。停止收割后，促使叶部营养向根茎转移，为翌年返青生长奠定物质基础。

韭菜于 8～9 月份抽薹开花结实，除采种田外应及时采摘幼嫩花薹，减少营养消耗。

(4)冬季管理　北方地区土壤封冻前及时灌冻水，高寒地区可适当地面覆盖，保护根株越冬。

☞ 36.韭菜收割时应注意哪些问题?

(1)收割时间　适时收割是韭菜优质、高产和高效的关键。收获季节主要是春季和初秋，因为这两个季节里收割的韭菜质地鲜嫩、品质好。适宜的收割标准是：株高约 30 cm，单株 5～6 叶，每茬生长期在 25 天以上，回秧(回劲)前 40 天停止收割。收割过早，不仅影响当茬产量，也减少体内营养积累，导致下茬减产。

以晴天早晨收割最好，避免中午或阴天收割。早晨叶部水分尚未蒸腾，品质格外鲜嫩，既可提高产量，也有利于割口愈合。

(2)收割次数　韭菜再生能力强，生长速度快，一年可以收割多茬。但为了维持高产，要严格控制收割次数。每年收割次数，应根据植株长势、土壤肥力和市场需要而定。定植的第一年，以养根为主，一般不收获或只收1茬。以后每年春季收获2～3茬，春韭从返青到第一刀约需40天，第二刀需25～30天，第三刀需20～25天。夏季韭菜品质差，如果价格不高，可以不收获进行养根。秋季适宜韭菜生长，韭菜品质好，但收割次数多，会影响根系营养的积累。韭菜生长5～6年后，植株长势弱，易死苗，可在春夏季养根，秋季收割。韭菜在临近霜冻时不能再收割。

当然，不同品种、不同地区也存在一定差异。据试验：在河南省中南部中等肥水条件下，抗寒品种791韭菜每年收割7～8次为宜，豫韭菜1号每年收割5～6次为佳。华北、东北多在春季收割3～4次，秋季收割1次或不割。

(3)留茬高度　收割时留茬高度要适当，留茬过高影响当茬产量和品质；留茬过低易损伤根茎，影响下茬。判断的方法是观察韭菜刀口处的颜色，如果为绿色，则说明留茬过高；如果为白色，则说明留茬过低；割口处以黄色较适宜。正如农谚所说："扬刀一寸，强于上茬粪"。一般在第一次割时留茬4～6 cm，以后各茬比前茬高1.5～2.0 cm为宜。

留茬的高度也与下茬的栽培目的有关。如果收割培土的青韭，下茬仍作青韭栽培，收割时把前方培土挖开，露出软化的白色叶鞘，然后进行收割；收割后再把行间土耙平，让韭菜切口生长点露在外面。如果下茬为韭黄软化栽培，收割时不挖开培土，只割去露在土面的叶片，切口要在叶鞘和叶片的“叉口”附近。

(4)收割后的水肥管理　韭菜耐肥性强，每次收割后，待伤口愈合，新叶长出 3～4 cm 时进行追肥，切忌收割后立即浇水和追肥造成叶片干尖和肥害。追肥应以速效氮和腐熟人粪尿为主，做到“刀刀追肥，因墒浇水，及时中耕”，促进韭菜快速生长。

六、保护地栽培

37. 保护地韭菜栽培应该选择哪些品种?

设施韭菜品种应选择分蘖力强、生长迅速、耐寒、丰产、优质。冬春和早春生产是在韭菜休眠后进行，适宜的品种有天津大黄苗、北京宽叶弯韭、汉中冬韭、马蔺韭、791 韭菜、津南青韭、山东独根红等。秋冬连续生产是在秋末韭菜尚在旺盛生长时，收割后覆盖棚膜，应选择耐寒性强、不休眠或休眠期短(10～15 天)的品种，如嘉兴雪韭、791 韭菜、四川犀浦韭等。

38. 风障畦如何建造? 有什么作用?

(1)风障的建造　风障畦有小风障畦和大风障畦。

小风障畦的风障高 1 m 左右，风障间距离近。大风障又分为简单风障畦和披风风障畦两种。前者的风障只有一层高达 2.5 m 左右的篱笆；后者是在篱笆的背侧又加一层高达 1.5 m 以上的披风草。

作风障的时间因地区和作物种类而定，一般在封冻前挖好障沟;来年应用较早时,可在当年封冻前设置;对越冬作物,当年要挟好。风障的材料,一般用芦苇、高粱秆、玉米秆等;披风可以用稻草、谷草、麦草和野生的荻草等。就地取材,务必求经济实效。栽植风障,必须注意风向、角度和两排风障之间的距离等。因为建造风障的目的是在于防止西北风。风障方向,一定向东西延长,才能起到防风的作用。风障的角度不能完全和地面垂直成 90°,要向南面稍加倾斜成 75°角,这样才能稳定风障与地面之间的三角地带气流,使白天光照所提高的热量不至散失,起到增温效果。每排风障的距离,应根据季节、栽培方式和风障类型而定。冬季风大、严寒,风障间距应适当缩小,以加强防寒保温。早春气温较高,应适当放大其距离。在北京地区,冬季应用大风障以保护幼苗越冬或早熟栽培时,风障间距为6～6.5 m;春季露地栽培,可每隔 13.3～16.6 m 设一排风障。小风障间距可依蔬菜种类而定,喜温蔬菜为 2～5 m,耐寒力强的蔬菜为 10 m 左右。

(2)风障畦的性能　风障畦多用于青韭的早熟栽培。

风障能减低风速,稳定气流,使地面辐射热的放散大为减缓。同时,又能把部分太阳辐射热反射到地面,从而使畦内的气温、地温得以提高,土壤蒸发量减少。这样风障畦内就形成适宜的小气候。但风障的作用因季节而异。一般有阳光辐射时,效果最大;而夜间由于热量的散失,效果较小;特别严寒的夜晚与阴雪天,效果更小。早春效果大,冬季效果小。此外,风障还有防霜、防流沙、防暴风的作用。一般单道风障的有效范围约为风障高度的 12 倍。风障不仅应用于风障畦,而且还可以为阳畦、温床、温室和大棚防风保温。

39.地膜覆盖有何作用?

覆盖地膜,一般比露地提高低温2～4℃,可以促进早熟,补充淡季供应。覆盖地膜,可以提高地温,促进早熟;还可以阻止土壤水分向外蒸发,使土壤水分保持稳定,减少浇水次数;覆盖地膜可以延长韭菜生长天数,增加积温度数,提高产量。

地膜的材料有多种规格,一般用的是0.015 mm的聚乙烯薄膜,每亩用量10 kg。

北京地区,韭菜生产中第一茬覆盖应在2月中、下旬进行。铺膜前,先将地面残渣杂叶清除干净,再将地膜平铺畦面,四周用土压紧。以后韭菜就生长在薄膜之下,无需按株行距剪孔。

40.阳畦如何建造?有什么作用?

阳畦又叫冷床,由风障畦发展而来。由于各地气候条件、材料、技术水平以及应用时期等不同而形成几种类型。以北京阳畦为例,它是由风障、畦框、覆盖物三部分组成。按其风障直立与否和南北框是否等高,可分为抢阳畦和槽子畦(图2)。目前抢阳畦应用较多。

(1)抢阳畦的建造　阳畦是由风障、畦框和覆盖物组成的。

风障　是由篱笆、披风草、土背(又名土牛子)三者组成。篱笆竖在北框外侧,以固定风障和加强防寒保温。在篱笆和披风的基部培成高40 cm、底宽50 cm、顶宽20 cm、并高出阳畦北框顶部10 cm的土背。

畦框　是在畦的四周用土围绕夯实而成,也可用砖、坯

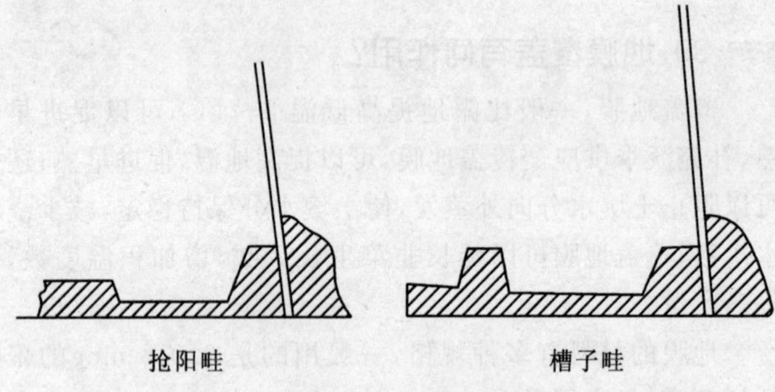

图 2　阳畦示意图

等砌成，有防寒保温作用，也是覆盖物的支架。北框：高 35～60 cm，底宽 30～40 cm，顶宽 15～20 cm。南框：高 25～45 cm，底宽 30～40 cm，顶宽 25 cm。两端框呈一斜坡与南北框密切相接。一个阳畦的实际栽培面积宽约 1.66 m，长 5～20 m。此外，专作育苗的阳畦，南框不可太高，以免遮光面过大，一般北框高 30～50 cm；南框高 6～17 cm。

覆盖物　分为透明覆盖物和不透明覆盖物两种。透明覆盖物可用玻璃扇。玻璃扇的长度与阳畦宽度相符，其宽度多为 0.6～1 m。玻璃的上法应为覆瓦式，以利排水，也可设立人字架式拱架覆盖塑料薄膜。不透明覆盖物以防寒、保温、轻便为原则，就地取材，可用蒲草、芦苇、稻草、毡房草等编制而成，也可用泡沫塑料。

栽培韭菜的阳畦与育苗阳畦在结构、规格上相似，但操作完全不同。育苗阳畦是从畦内取土筑成畦框，第二年春天筑平畦面，在畦内播种。阳畦韭菜是在未筑阳畦之前把韭菜栽好，到“立冬”封冻前再筑阳畦。因此，筑畦时的土不是取自畦内，只是在畦的四周用土框围起来，将覆盖物架在土框上。

(2)阳畦的性能　与风障相比,阳畦更利于提升畦内的气温和土温。阳畦内的温度是靠太阳辐射能来提高,由覆盖物来保持的。晴天太阳光透过透明覆盖物射入床内,使温度上升,由于覆盖物的阻止,使热量得以保存。

阳畦内不同部位,温度差异很大。阳畦北部及中部太阳辐射热强,风障遮风又好,温度较高;距南帮较近处,光照不足,散热快,温度低;靠近东帮和西帮的地方,由于早晚太阳的偏东或偏西,在畦内造成投影,此处的温度比北部温度低 3～5℃。

41.什么是改良阳畦?建造时应注意哪些问题?

改良阳畦是由阳畦改进而成,东北地区又称"立壕"。它比阳畦空间大,保温性能好,在我国的华北、西北、东北等地都可应用。

改良阳畦由风障、后墙、两侧墙、土屋顶、玻璃扇或塑料薄膜和草帘组成。现以北京改良阳畦为例说明其结构。

土墙:高约 1 m,厚为 0.5 m,侧墙高为 1.5～1.7 m;

土屋顶:前高为 1.5～1.7 m,土屋顶宽 1.5 m 左右,常用芦苇、高粱或玉米秸做棚底,上面用麦秸泥封固。

玻璃扇:长 2 m,与地面成 45°角,室内宽度为 2.7 m。

近年来,改良阳畦的玻璃屋面已改用塑料薄膜。

建造改良阳畦时,必须首先考虑到所在地区的纬度和冬季太阳的高度,不仅要考虑到"冬至"时的太阳最低时的高度,也要考虑到立春后太阳升高时的情况,决不能使太阳的投射阴影遮在栽培床上,影响韭菜对阳光的要求。

42. 如何建造小拱棚?

小拱棚生产韭菜应用最普遍，面积也最大，可以起提早延晚的作用，以早春扣韭菜为主。

小拱棚跨度1～2 m，高0.6～1 m，长8～10 m。用竹片、细竹竿、棉槐条插成弧形拱架，也可用钢筋弯成弧形，两端插入土中(彩图05、彩图06)。

(1)竹片拱架　用3 cm宽、3 m长的竹片两端插入2 m宽畦埂内侧，竹片间距为80 cm，用三道细竹竿把各拱杆纵向连成一体，增强稳固性。三道纵拉杆中间一道，距地面10 cm各一道。

(2)细竹竿或棉槐条拱架　把细竹竿或棉槐条下端插入2 m宽畦埂内侧，上端缠在一起，用绳绑牢，三道纵拉杆与竹片拱架相同。每个拱架下边设一立柱支撑。

(3)钢筋拱架　用钢筋弯成2 m宽、1 m高的拱形，每隔80 cm一道，两端插入土中。

(4)覆盖塑料薄膜　一般小拱棚用一大块薄膜覆盖，四周埋入土中，这种覆盖方法既浪费薄膜又费工，放风也不方便。科学的覆盖方法是用两块薄膜烙合，每米留出30 cm不烙合，覆盖后四周卷入细竹竿；每隔30～40 cm，用35 cm长的8号铁丝，一端弯成卷，另一端插入土中，把竹竿卷卡住。这样覆盖既便于放顶风，也便于四周放风。

43. 中棚有什么特点?

北纬40°以南地区，利用中棚生产韭菜，夜间覆盖草苫保温。有些地区可以代替日光温室扣韭菜，也可以进行秋冬连续生产。

中棚跨度 5～6 m，高 1.7～1.8 m，主要是竹木结构，分为单排柱中棚和双排柱中棚两种。单排柱中棚用竹片或竹竿做拱杆，两端拖入土中，间距 1 m，中间设一立柱支撑，距棚顶 20 cm 处用木杆或竹竿纵向连接，用铁丝把拉杆与立柱拧紧固定成一个整体。

双排柱中棚与单排柱中棚规格相同，因拱杆或竹片规格较小，强度不足，增加一排立柱，以加强稳固性。

44. 塑料大棚如何建造？

北纬 40°以北地区，利用大、中棚生产韭菜，主要起提早延晚作用，可与日光温室和小拱棚配套生产，以实现周年供应。

(1)规划与准备　建造大棚是一项长远性的建设，动工前要做好规划。场地的选定、规划和棚型的选定，应符合当地的自然条件与经济条件。一定要做到因地制宜，就地取材。

首先要以使用季节定棚向和受光面角度。以冬季生产为主的棚，宜东西延长，并且棚面角度以 30°左右为宜，以便利用中午的强光。在春季，由于日照加长和太阳高度角的加大，而南北延长的棚透光率高于东西延长的棚，而且光照分布均匀，因而以春季应用为主的可采用南北延长的棚。建棚时，棚面角度不宜太大，否则减少透光率。

其次要以便于管理和保持良好性能为原则而定棚型、定规格。当前一般单栋大棚的面积多为 1～2 亩。为通风管理方便，其中柱高多为 1.8～3.0 m，其他各排柱依次相差 20～30 cm，使棚面呈一自然弧度，以使其有较大的承压力。棚的长度与宽度要相适应，因为同样面积的棚，增加长度必定缩小宽度，其结果是周长加大，边际效应也增加，同时，管理也不方便。但是太宽又费料。一般大棚长为50～60 m，宽为12～20 m。

此外，棚内的通风是调温、调湿的主要手段，必须加以保证。在低温时期，通风面积不能少于6%～9%，在高温时期不应少于15%左右，最大可达20%。为了及时通风排湿，可用自动控制的排风扇进行强制通风。一般一台半径为40～50 cm的风扇，每分钟可输送空气200～300 m^3。一亩地的大棚，在密闭情况下，5～6 min棚内气体可全部交换一遍。

连栋棚比单栋棚温度稳定且高，但光照差。当前连栋大棚的每栋的跨度以4～12 m为宜，中柱高3 m左右，边柱高1.4～1.8 m。过宽、过高则费材料或需采用大型号钢材，增加成本，管理也不方便。

当前大棚虽有优越性，但扣棚困难，不易排雨雪，在管理等方面有些问题尚需解决，所以棚不宜过大。中、小棚虽然温度条件差，但便于揭、盖草帘。在生产中，应形式多样化，大、中、小棚互相配合发展，以发挥其各自的优越性。

(2)建竹木棚　竹木大棚建造工序一般分为埋立柱、绑拱杆、绑拉杆、扣棚布、上压杆等工序。

①埋立柱　一般是在秋天封冻时将立柱埋入事先挖好的坑内。为确保牢固，可在立柱下端钉一横木。同一排柱的高度要一致。立柱纵横一定要成行，以保证绑成的拱杆弧度一致。

②绑拱杆和绑拉杆　立柱埋好后，把拱杆放在立柱上端"V"字槽内，拱杆的两端要埋入事先挖好的深为30～50 cm的坑内，并且使所有的杆都在一条直线上。用铁丝通过立柱顶端的小孔，将拱杆和立柱绑牢。绑拱杆时，可两

人从中柱开始，一齐分向两端绑。拱杆绑完后，绑拉杆，绑时要使所有立柱纵横排列。

③扣棚　选暖和无风天的上午扣棚。扣棚时，棚布一定要拉紧，将边埋入土中，压杆也要压紧绑牢。若采用"四大块"或"两大块"扣棚时，每块棚布应重叠60～80 cm。为了开闭方便，重叠部分的边应卷烙一绳。扣棚后两端要设门。天窗和侧窗可随着天气转暖逐渐开设。

45.日光温室有哪几种常用类型？

在我国华北地区和西北、东北高寒地区，冬春季温度低但晴天较多，日光温室可以充分采光，利用太阳能，同时通过加强防寒保温措施，可创造出适宜韭菜生长的条件。

(1)一面坡日光温室　是鞍山及京、津等地最早应用的充分采光、不进行加温的温室。一面坡式日光温室跨度为5.0～5.5 m，中柱高2 m左右，后墙高1.0～1.6 m，长度不等。前屋面为一面坡的玻璃窗，窗长度为4 m左右，直接与地面相接，另一头与屋檐相接。玻璃窗的角度为25°～31°。后坡宽2 m左右。每间隔3.0～3.3 m设一个中柱和柁。柁架上设两根檩，其上铺秫秸捆，然后抹灰泥。屋顶厚度40 cm左右。温室周围挖防寒沟(图3)。

(2)一立一斜式日光温室　哈尔滨、通辽等地应用，其采光面多由玻璃制成，优点是一次建成，可以多年使用，免去了每年更换塑料薄膜的麻烦。其跨度5～6 m，长度不限，中柱前沿高2.0～2.3 m，玻璃窗面长4.0～4.5 m，玻璃窗角度为20°～24°；斜面玻璃窗的前沿树一立窗，高0.5～0.6 m；后屋面宽1.5～2 m；后墙高1.5 m，厚0.5 m，墙体可采用双层砖墙、石墙、内砖外土墙。后屋面铺秫秸，

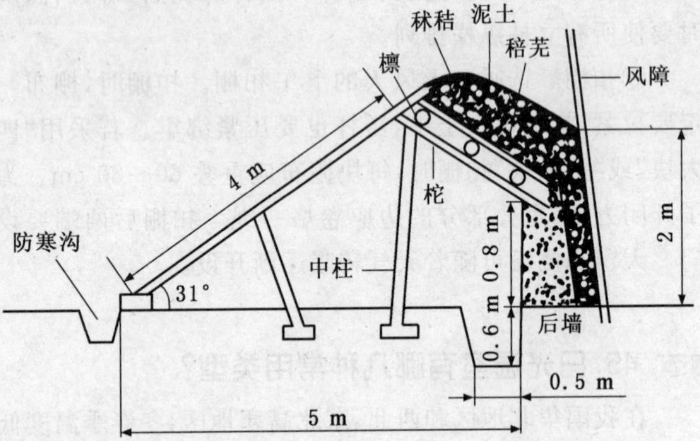

图 3　一面坡玻璃日光温室断面图

其上抹灰泥，厚度不低于 20 cm(图 4)。

一立一斜式日光温室用一整块薄膜，上边卷入竹竿用土压在后屋面上，下边埋入前地脚下踩紧，东西卷入竹条或竹竿，用铁丝拧在山墙外各道 8 号铁丝上，上下左右都要拉紧。然后用直径 2 cm 的竹竿放在薄膜上，压在拱杆上，用细铁丝拧紧。

(3)拱圆形日光温室　竹木或钢架拱型，在华北地区应用较广。这里主要介绍以下两种。

①鞍山无支架日光温室　适合华北、西北、东北地区气候条件，采光好，增温快，保温性能好。这种温室后墙高 1.6 m，跨度 6 m，中部高 2.4 m，前屋面为圆拱形，用钢管组装或圆钢焊接而成，前部坡度为 60°，中部 26°，后部为 10°，无立柱。拱架间距 0.8 m，前端埋入地下，后部固定于后墙。后屋面由秫秸稻草铺成，其上抹泥，厚度为 20～30 cm。温室周围要挖 20 cm 宽、40 cm 深的防寒沟，后墙外

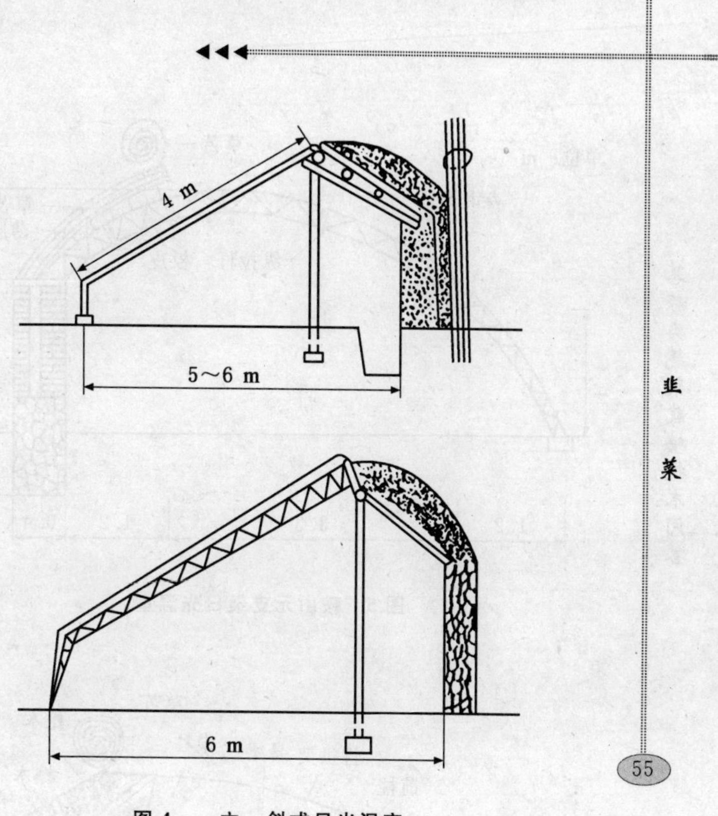

图 4 一立一斜式日光温室

还要培土，以利于保温(图 5)。

②山东寿光节能型日光温室　这种温室为竹拱土墙结构。后墙高 1.5 m，下部厚 1 m(外部培土厚 0.5 m)，上部厚 0.7 m，夯土制成。跨度为 8.5 m。设三排柱，前柱高0.7 m，中柱高 2.0 m，后柱高 2.2 m，在东西方向上柱与柱之间的距离为 3 m。如用拉杆，前柱与前柱，中柱与中柱间的距离可适当加大。每隔 0.5 m 设一竹拱。温室前屋面东西方向拉三道 8 号铅丝。在夯筑后墙时，在距地面 1 m 高处，每隔 3 m 留一个直径为 20 cm 的小洞，作为通风口(图 6)。

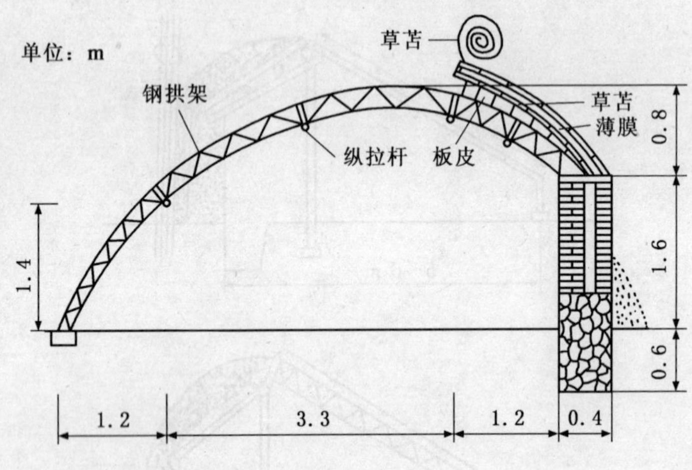

图 5　鞍山无支架日光温室

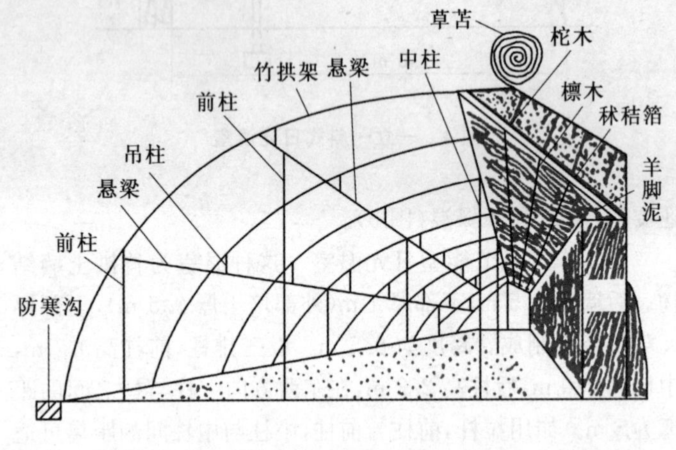

图 6　山东寿光节能型日光温室

拱圆形日光温室覆盖薄膜时，在距地面 80 cm 处覆盖底脚围裙，方法与大棚相同。上面距脊檩 80 cm 处覆盖一大块薄膜。薄膜上边装入一条绳烙合成筒，固定在各拱杆上，下边延过底脚围裙 30 cm。最大端再覆盖一块薄膜，上边卷入竹竿，压在后屋面上，下边延过中部薄膜 30 cm。各拱杆之间可用塑料压膜线，上端固定在脊檩上，下端拴在预埋的地锚上，拉紧，防止薄膜上下波动。

☞ 46. 韭菜风障畦栽培中应注意哪些问题？

韭菜风障栽培，基本上与露地栽培相同。应注意的是风障韭菜栽培时，韭菜早春返青时间早于露地栽培 20 余天，所以春季田间操作也必须提早进行。

由于各畦距风障的远近不同，所以温度分布的高低不同，这对于韭菜生长的速度也有影响，致使同一品种、同一播期、同一定植期的植株高矮不同，距离风障越近温度越低，植株生长越慢。所以，植株的收获时间不尽相同，靠近风障的要早收。

☞ 47. 韭菜阳畦栽培中有哪些注意事项？

阳畦盖韭分为“冷盖”和“热盖”两种方式。“冷盖”是只在畦框上加盖一层蒲席，防止畦内白天土壤蓄积的热能在夜间扩散出去。“热盖”是除夜晚增加一层蒲席外，白天揭开蒲席后，覆盖一层玻璃或薄膜，这样太阳的短波辐射热可以透过玻璃或薄膜进入畦面，而地面上的长波辐射热却不至从玻璃或薄膜散出。

（1）“热盖”韭菜的生产　一般选用 2 年生以上的韭菜。韭菜的播种、栽培、管理等与露地韭菜相同。主要栽培要点是：

①扣膜前管理　夏季韭菜不收获，秋季加强水肥管理。入冬后，韭菜进入休眠期时，浇一次冻水，水贮存于土壤中，供土壤解冻时韭菜萌发新芽使用。浇水时随水施用稀粪更好，这样既可提高地温，也可供应韭菜萌发时所需的养分。

②扣膜　土壤封冻前建好阳畦，在 10 月下旬至 11 月中旬覆盖薄膜。覆盖薄膜前 3 天，夜间先覆盖蒲席，让土壤缓慢解冻；3 天后浇水、扣膜；夜间在塑料薄膜上覆盖蒲席。

③扣膜后的管理　扣膜以后，浇水要慎重。一般头茬韭菜生长期间浇两次水，即在培土前、收获前分别浇水 1 次。收割一次后，在新芽长出地面 3 cm 时施肥，每亩用硫酸铵 20 kg；新芽长到 5 cm 时，应进行培土，培土的厚度不超过叶鞘。以后，每收获一次培一次土，总培土厚度约为 7 cm。

④收获　第一茬韭菜的收获期一般在扣膜后的 50 天左右。这茬韭菜可供应元旦市场。第二茬韭菜生长稍快，可供应春节期间市场。以后可再收获一茬。收获 3 茬以后，一般不再收割，转入养根阶段，为下一年的生产做准备。天气转暖后，除去覆盖物。

(2)“冷盖”韭菜的生产　在严寒的 12 月至翌年 1 月期间，不具备生产条件，直到 2 月中旬畦内白天最高气温在 20℃以上，夜间畦内最低温在 0℃以上时，才可进行生产。栽培技术与“热盖”栽培相似。但由于盖蒲席的时间较迟，加上春季风力强，水分蒸发量大，需要在培土前浇两次水，等水分完全渗入后再培土。

48. 韭菜地膜覆盖如何栽培？

地膜覆盖栽培韭菜时，在盖地膜前不必浇水，因为此时地温尚低，韭菜需水也少。到3月初，土壤解冻后可将地膜揭起，进行浇水；浇水后1～2天，等水分稍加蒸发之后，盖膜直到收获。第一茬收获之后，清洁地面，中耕土壤，仍可再盖一次地膜，生产第二茬产品。地膜覆盖时要注意膜内的最高温度不应超过25℃。此外，地膜铺在地面后，人工除草不方便，可在第二次扣膜前将48%氟乐灵喷洒在地面，防止杂草。

☞ 49. 塑料拱棚青韭秋延后栽培时应该如何管理？

于深秋韭菜休眠前扣棚，使韭菜不经休眠而继续生长，在11～12月份供应；收割两刀后撤除骨架和棚膜。其播种、苗期管理、定植和培养根株技术与日光温室青韭相近。

(1)扣膜时期　秋延后栽培必须掌握适期扣膜，早扣产量高峰出现早，但易早衰；晚扣在扣膜前易遭冷害，引起叶片弯曲、叶尖腐烂，同时一旦进入被动休眠，扣棚后生长缓慢。扣棚适期为当地初霜后最低温度降至0℃前。

(2)扣膜前的管理　与休眠后再生产的韭菜相比，秋延后韭菜扣膜前应加强肥水管理，做到粪大水勤，促进后期生长。扣棚前达到收割标准即可收割上市，但要尽量高留茬；割后及时追肥，叶片萌发、叶色转绿后浇水，并及时松土培垄。

(3)扣膜后的管理　温、湿度及水肥等管理原则与春提早栽培相同。

☞ 50. 日光温室韭菜生产可以分为哪几种方式？

日光温室生产韭菜有3种方式。

(1)冬季扣韭菜　主要供应春节前后市场需要。当年春天露地直播养根，或提早用小拱棚覆盖育苗移栽养根，选用北方型品种，表土封冻 10 cm 以上，韭菜进入休眠后扣上温室，促使打破休眠萌发生长。收割 3～4 刀刨根。

(2)秋冬连续生产　选用假茎休眠品种，春、夏播种养根，也可采用直播或育苗移栽，当露地韭菜即将受冻害时，收割一刀扣温室，或扣完温室收割第一刀，连续收割 3～4 刀，于冬季扣韭菜衔接。

(3)套栽韭菜　利用黄瓜行距大株距小的栽培形式，行间栽韭菜，与黄瓜同时生长，可在黄瓜不减少株数、不降低产量的基础上增收部分韭菜，提高设施利用率。

51.温室冬春青韭栽培应该如何管理?

在韭菜回根休眠后扣温室，提早打破休眠，促使萌发生长的生产方式，常称为温室扣韭或温室盖韭。多采用日光温室生产。

(1)根株培养　韭菜设施栽培广泛采用育苗移栽。于 10 cm 地温稳定在 10～15℃时播种，适宜播期 3 月中旬至 5 月中旬。露地育苗，播种前耕地施肥，整地做畦，每亩苗床播种量 4～5 kg。

定植时期一般在 7 月中下旬，尽量避开高温雨季。适宜苗龄 75 天左右，株高 20～25 cm，5～7 片叶。栽培方式有沟栽和平畦栽两种，以沟栽更为普遍。沟栽时先增施基肥，使土肥混匀整平，按 35～40 cm 行距开定植沟，沟深 13～15 cm，按穴距 20～25 cm、每穴 25～35 株定植。加大行距有利培土软化，适于在肥沃土壤上栽培宽叶韭。平畦栽培时，施肥整地，做成平畦，按行距 17～20 cm、穴距13～20 cm，每穴 7～10 株定植。由于栽植较密，不能培土软化。

定植后的管理同露地韭菜。

(2)扣膜前的管理 定植后至扣膜前的管理与露地韭菜相同,养根不收割。秋末在韭菜回根休眠前建好或修好温室,安装骨架,备好薄膜。立冬前后,韭菜地上部几经霜冻逐渐枯萎,被迫进入休眠,及时清除枯叶和杂草,浇足冻水,结合施肥,浇灌农药防止韭蛆。

(3)扣膜后的管理 韭菜回根后应立即扣膜覆盖。

①温度管理 扣膜后白天保持 18～28℃,晚上 8～12℃。扣膜初期或每次收割后,为促进萌发出土,应适当提高温度。草帘揭盖时间因季节、天气状况而变化。晴天阳光照满温室时将草帘卷起,下午夕阳西照光强减弱时覆盖。雪天不揭,连续阴雪天可在中午短期揭开草帘和薄膜开风口排除湿气,雪后扫雪揭帘。室温低于 5℃时,可盖双层草帘或临时加温。冬季一般不放风,春季收割第二刀后或第三刀韭菜收割前 5～7 天,中午适当短期放风。3 月上中旬外界气温升高,逐渐加大放风量,并撤除草帘;第三刀收割后撤除薄膜,变为露地栽培。

②中耕培土 扣膜后,浅中耕 2～3 次,疏松土壤,提高地温,促进萌芽生长。沟栽韭菜在长到 10 cm 时第一次培土,株高 20 cm 时第二次培土,以软化叶鞘,防止倒伏。第二、三刀韭菜生长加快,培土次数、间隔天数减少。平畦韭菜不培土。

③水肥管理 严冬和早春控制浇水和追肥,主要依靠根系和鳞茎中贮存的营养与扣膜前所浇冻水和追肥生长,前两刀不再浇水和追肥。若第二刀收割后,植株生长缓慢,叶色发黄缺肥、缺水,可适量追肥浇水,并及时中耕和放风,降低湿度。

④收获 在扣膜后 45～60 天可收割第一刀,第二刀生

长期约30天，第三刀生长期20～25天。一般在温室中收割3茬，后变为露地韭菜，还可收割1～2次。

(4)撤膜后的管理　撤膜后的管理与露地韭菜相似，在早春收割1～2刀后进入养根期，加强田间管理，培养健壮根株，直到初冬前不再收割。

☞ 52. 温室囤韭栽培中应注意哪些问题？

当露地栽培的韭菜生长5年以后，植株老化，生长势下降，产量降低，准备废弃不用时，可在韭菜回根以后，将韭菜根刨起，用土短期埋起，12月下旬将韭根囤于温室内，利用温室提供的适宜的温暖的环境，促进韭菜生长的栽培方法，叫囤韭栽培。

(1)韭株的准备　入冬以后，韭菜的地上部分完全枯萎，养分回根完成就可刨收。具体时间掌握在土壤夜冻日融时为宜。刨收过早，韭根的养分积累少，产量降低，在埋藏时易发热腐烂；刨收过晚，土壤冻结，刨收时费力且易损伤小鳞茎。具体刨收的办法是：先把枯萎的叶片贴地面割净，浇一次小水，次日刨收。刨收时尽量不伤根、少伤根，并将根际的泥土抖净，堆成圆锥形堆，立即盖土，防止水分散失。

囤根前将埋在土下的韭根取出，在温室中化冻。将韭根抖开，喷水，使之湿润，再堆成33 cm高的堆，用芦苇席覆盖，在10～15℃的室温下催芽。为了使温度均匀，每天要将堆翻动一次，可保证出芽整齐。出芽以后，将韭根捆成小捆，将须根剪到7～8 cm长。

(2)囤根　在温室的栽培床上开宽13 cm、深13 cm的沟，将成捆的韭根一捆挨一捆地摆放在沟中，小鳞茎的上部与地面平齐，根系要保持舒展，周围用土填好，加以镇压，防止浇水后向上突起。沟与沟的间距为 3 cm。逐沟囤满栽培床。

(3)水肥管理　一般在囤韭的当日或次日浇一次大水，以促进缓苗。当苗高达到 3 cm 时，再浇第二水。苗高达到 12 cm 以后，是韭苗的生长盛期，需水较多，一般每 5 天浇 1 次水，共浇 2 次。收获前 4～5 天，还要浇 1 次水，这样，收获的韭菜柔嫩，产量也高。浇水量和浇水次数依土壤保水力、外界气候、植株的生长状况而定。保水力强的土壤可适当少浇；阴、雨、雪天，温度低，湿度大，不可浇水；收获后，伤口未愈合时不可浇水。在收获一茬以后，可在韭苗高 6～7 cm 时，每亩随水施入硫酸铵 20 kg，以促进韭苗生长。

(4)培土　第一次浇水以后，会出现鳞茎裸露，土表不平的现象，要在浇水的次日培土，培土的厚度以达到叶片与叶鞘交界处为准，培土可使韭苗生长整齐一致。株高 6 cm 以后，要每隔 3 天培一次土，直到收获前 4～5 天为止。培土要用在温室中晒暖筛细的土，培土时间以下午无露水时为宜。培土后用竹耙耧一下，以免所培土压住叶片。第一茬收获以后，要清除所培的土，使阳光照到根际，提高地温，促进根系生长。以后几茬，生长势减弱，培土的次数可减少，厚度可变薄。

(5)温室环境调控　韭菜属于耐寒蔬菜，一般日光温室的环境条件可以满足韭菜的生长所需。第一茬韭菜生长期间，每天日出以后，揭去草帘，下午 4～5 点钟再盖上草帘。白天的温度低于 22℃，夜间的温度降至 5℃，韭菜仍可正常生长，但温度过低时要进行临时加温。第二三茬韭菜的生长期间，外界的温度逐渐提高，要适当通风。通风量以保持温室适宜温度为标准，一般温度超过25℃开始通风。以降温为目的的通风，要同时打开温室上、下通风口，使空气形成对流，降温效果好。

与温室中栽培其他蔬菜不同的是，栽培韭菜时温室环境调控的重点不是温度而是湿度。温室的湿度高于外界，尤其是在浇水以后。较高的湿度常常引起韭菜叶片和根系的腐烂，所以，温室的通风排湿十分重要。在第一茬韭菜生长的前期，由于植株小，浇水少，可不通风；培土以后，植株生长旺盛，浇水量增多，要适当通风；韭菜高度达到20 cm时，再进一步加大通风量。以排湿为目的的通风应只开温室上部的通风口，防止在排湿的同时降低温度。第二三茬韭菜生长时，加大通风量，通风时同时打开温室上、下通风口，在降温的同时排湿。

(6)收获　收获的标准是株高达到25 cm左右。一般在根株囤入温室后30～40天收割第一茬。收割时下刀不要过低，以不露白为宜。第一茬每平方米的产量约为7 kg，以后几茬由于生长势变弱，产量降低。

七、韭菜的软化栽培

☞ 53.什么是韭黄的软化栽培？

软化栽培韭黄是人为地制造黑暗环境条件，使韭菜细胞壁变薄，纤维素减少，品质柔嫩。软化处理分为不加温、半加温半保温和加温3种形式。

☞ 54.韭黄不加温软化栽培有哪几种形式?

韭黄不加温软化栽培在我国长江以南地区较为常用。其分为培土软化、瓦筒覆盖和草片覆盖等几种形式。

(1)培土软化　培土软化的土质必须是疏松的沙土或沙质壤土。

秋冬期间,可以把长到 30～50 cm 的青韭顶端束起来,然后以行间的松土盖没,使其不见光。当叶片和叶鞘变软,呈金黄色时,即可收割。

夏秋期间栽培韭黄,春季一般只能收割一次青韭,然后养根。7～8 月间,选择露水大的晴天培土,在露水未干前进行,可以缩短 1～2 天的培育时间,并易于收割后洗净烂叶。培土前用脚将韭菜植株踏倒,然后把行间的松土盖在上面,盖土厚约 6 cm。通过培土使行间变成低沟,便于干旱时在傍晚向沟内灌"跑马水"。此期培土软化要严格掌握培土时间。一般 7 月间培土的 8～10 天可收割;7 月底 8 月初培土的 7 天即可收割;8 月上旬培土的 6 天可收割;秋凉后培土的 10 天左右收割。收割时拔开盖土,齐泥割下韭黄,用清水洗净烂叶即可上市。

在四川成都地区,对韭黄要求韭白要长,需要分次培土,培土覆盖时间要长达 40 天左右。培土只能在春季和秋冬季进行,因为夏季温度高,不宜进行长期盖土。培土前,将韭叶从"叉口"处割去,并立即追肥一次,以使叶鞘长得粗壮。叶鞘长 15～20 cm 时,进行第一次培土;等叶鞘长出土面 4～5 cm 时,再培土一次;共培土 4 次,最后土埂高度达到 40～50 cm、宽度达到 80 cm。收割的韭黄韭白要长达 30～35 cm,而叶片只有 15 cm 左右。所以,当地将韭黄称为“桩桩黄”，品质脆嫩，风味好，但花工量大。

(2)瓦筒覆盖栽培　在我国广州、杭州等地应用较多。用这种方法时，韭菜只能穴播，等青韭长到 40～50 cm 高时，先端束起来，盖上瓦筒，一穴一个。瓦筒顶端有一个小孔，孔上盖一个小瓦片，既可遮光又可以观察筒内植株的生长情况。等到筒内韭叶软化变黄时，揭开瓦筒，进行收割。用这种方法生产的韭黄质量高，但需要特制的长圆筒形瓦筒，投资较大，而且瓦筒容易损坏。

(3)草片覆盖栽培　利用稻草制成的草片来覆盖遮光，从而进行韭黄的软化栽培。在我国四川、湖南、江西等水稻产区应用较多。一般每亩韭菜田要用稻草 2 500 kg，3 cm 粗的竹竿 500 kg。覆盖前先做好草片，每个草片长 6.2 m，约用稻草 7.5～8 kg，每亩用草片 320 个左右。草片的制作步骤：先将两根 2.6 m 长的竹竿，在稻草近根部 1/4 处夹住，用细绳紧扎，使稻草均匀地排放在两根竹竿中间；然后将两个单片合并在一起，把稻草尖端编成辫子；紧靠辫子下面再横夹两根竹竿，捆扎结实，不可松散；把基部分开就成为一个“人”字形的草棚；草棚要一头高一头低，高的一端为 60 cm，低的一端为 50 cm；覆盖时将草片连接起来，接头处是另一片高的一端叠在这一片低的一端，重叠 20 cm 左右。

草片覆盖栽培韭黄多在春、秋冬季进行。一般韭黄栽培和青韭栽培交替进行，即韭黄的前茬和后茬都是收割青韭。软化前期先培土 2～3 次，对叶鞘进行软化，当韭白长到 15 cm 时割去青韭叶，春秋季割口可齐“叉口”，夏季要高于“叉口”1 cm，冬季要低于“叉口”1 cm。然后在培土离地 10 cm 处，铲去厚 3～4 cm 的土层，形成一个阶梯，便于安放草片。在韭菜行上搭成高 40～50 cm 的矮“人”字架，架顶用一根横杆连接起来，用于安放草片。覆盖时将草片顶部安放在横杆上，把草片的基部分开，分别安放在培土的阶梯上，逐片重叠安放成一个长条草棚。草棚的两端用稻草堵严，使其不漏光。另外，冬季覆盖韭黄，盖棚前割去青叶后要追肥一次，其他季节不用。

盖棚后，春、秋两季约 15 天，夏季约 10 天，冬季 35～40 天即可收割韭黄。收割时，割口在生长点上部 0.5 cm 处。

55. 半加温半保温软化韭黄如何栽培？

在地下挖窖，将韭根刨起，囤于窖中，窖顶堆酿热物加温，利用地窖保温，所以也叫“窖韭”或“囤韭”。在江苏的徐州、安徽北部和河北的深县等地区，均有采用这种形式来栽培韭黄。窖韭生产可以分为养根、建窖、进窖和进窖后的管理几个阶段。

(1)养根　一般用 2～6 年生的韭菜。生产韭黄的当年不割青韭，保证韭根健壮，贮足养分。

(2)建窖　进窖前的 5～7 天，建好地窖。选高燥向阳的地方挖窖，深约 1 m，宽 3～4 m，长 5～10 m。窖顶横搁几根粗竹木或水泥柱做梁，梁上铺 6～13 cm 厚的高粱、玉米等秸秆，再用泥或稻草封顶。顶边两端各留一个 50 cm 见方的进出口。窖底中间留一畦埂，便于操作。

(3)进窖　进窖前，韭叶枯萎后刨起韭根，搬到室内整理。在根上 5～6 cm 处修剪，剔除老根，并捆扎成把备用。在 11～12 月间进窖。进窖时先用 30 kg 细园土加 50～60℃温水 75 kg 调成泥浆，把韭根放在泥浆中浸透，紧排在窖底畦中；每亩韭根约可排 20 m^2 的地窖；排好后 3～4 天封窖。

(4)进窖后管理　窖内温度决定了窖韭的成败。窖温应在22℃左右，中后期可稍低。为了保持窖温，可在窖顶上堆20～30 cm的湿草、马粪等酿热物。酿热物中温度应为45～48℃，低于45℃应更换酿热物。

窖内湿度应为85%～90%，如湿度过高，应撒干细土降湿；湿度过低，应浇水。一般封窖前浇小水1次，过1～2天后浇大水，再封窖；以后每次换酿热物时浇水。一般割第一刀前需浇水4次，加热3次；割第二、第三刀前各需浇水2次，加热2次。每次收割后必须浇水，芽长3～4 cm前不再浇水。

(5)收割　一般收割3次。第一次收割在入窖后30～40天，每平方米可收20～30 kg。20天后收第二次，每平方米可收15～20 kg。再隔15～18天后收第三次，每平方米可收10～15 kg。收完后拆除窖顶。在春季将韭根栽植大田。

56.加温软化栽培韭黄应如何进行?

一般采用酿热物加温，如兰州地区的麦草盖韭黄，西安、洛阳的马粪盖韭黄等。

麦草盖韭黄又叫"压韭"，一般在韭叶枯萎后用酿热物覆盖1～2个月，然后进行收获。韭菜在早春收割1～2次后培土，高14～17 cm，宽33 cm；浇透水1次；到10月初在行间追肥，浇冻水，然后培土成韭楞。11月份进行覆盖，楞上铺5～10 cm厚的枯叶，行间铺麦草秸秆等，与枯叶相平，浇水踏实，再盖麦草50～60 cm。新麦草发热好，铺在底层；旧麦草保温差，铺在上层。11月上旬覆盖则铺得厚，11月下旬覆盖则铺得薄。麦草上再封细土2 cm。11月上旬覆盖的韭黄30天可以采收，中旬覆盖的40～50天采收，11

月下旬覆盖的则需要60～70天。

马粪盖韭黄指用高20～25 cm、宽10～14 cm的“马粪槽子”，其顶上盖瓦片，瓦片上再盖马粪。也有的用瓦片在韭垄两侧排放，顶上再盖瓦片，瓦片上再盖马粪、湿草等60 cm厚。等韭黄长到离顶瓦3 cm时，可将顶上的马粪耙去，保留5 cm左右。一般覆盖20天左右即可采收。

57.如何用黑色膜覆盖软化韭黄?

在塑料薄膜种类中，用黑色塑料薄膜覆盖韭菜，则韭菜处在黑暗的条件下，叶绿素的形成受到抑制，叶子就不能进行光合作用，形成软化的韭黄。采用这种方法可以代替以往用其他覆盖物生产黄化韭菜的措施。

塑料棚的规格，根据韭畦的宽度而定，一般畦宽为2 m。用8号铁丝做支架，每条截成220 cm的长度，在韭畦上曲成圆拱形，两端插入地内；每隔50～70 cm插一条拱形铁丝；拱顶和两边用竹竿横扎固定拱架，拱顶距畦面40 cm。架上用黑色塑料覆盖，并加以固定。畦的两端可设通风口。由于黑色塑料棚吸收太阳热能多，因此比露地环境的温度高、湿度大。适宜在冬春两季进行覆盖。

(1)根株的培养　与露地栽培相同。覆盖的韭龄以3年以上为好。在第三年间可在露地收获青韭两次。一次是在冬季，生长60天收获1次；一次是在春季，生长30天收获1次。如果下茬覆盖韭黄，也可在春天收获青韭时，多延长10天左右，这样可使其积累较多养分，有利于下茬黄化生长。

(2)覆盖后的管理　覆盖初期，在畦的两端通风口处插上遮光板，以防阳光射入畦内。在覆盖期间，防止高温高湿，以利于韭菜生长，并避免严重的腐烂。除了畦两端的通风口外，还可在棚的两侧近地面处，每隔 3 m 埋一瓦筒，加强通风换气，适当地降低棚内的温度和湿度，使韭黄充分生长。利用黑色膜覆盖韭菜，主要问题是控制湿度。在覆盖期间，棚内的温度不能超过韭菜生长的上限温度。只要棚内温度在 24℃以下，湿度在 80%以下，韭菜是可以良好生长的。

(3)收获　用黑色膜覆盖软化韭黄，可比盖瓦筒缩短生长时间，并能提高约 50%的产量。

58.如何进行温室囤韭黄化栽培?

利用一年生韭菜根株，于初冬回根休眠后挖出密集囤于温室栽培床中，给以充足水分和适宜温度，在黑暗条件下，生长金黄色的鲜嫩产品。

(1)根株培养　韭黄的产量和品质取决于根株中贮藏营养的多少，因此培养健壮根株是栽培的关键。在露地培养根株时应选择分蘖力强、直立生长、不易倒伏的品种。一般用当年的根株；每亩的韭菜，只能囤栽 20～30 m^2。

(2)刨根贮藏　韭菜地上部枯萎及土地尚未封冻时为刨挖韭根的适宜时期。刨早了叶部营养还未全转移到根茎和小鳞茎中，囤后韭黄产量低；刨晚了土壤已封冻，难挖且易断根。暖冬地区随刨随囤栽；冬寒地区刨后抖掉根际泥土，埋在深 40～50 cm 的沟中贮藏，上面覆盖 10 cm 厚的湿土，囤栽时随时取用。

(3)囤栽　从根株刨后到翌年 1 月可随时囤栽。每囤栽 1 次可连续收割 3 次，共需 60～70 天。若根株有剩余还可囤第二次。囤栽前先挖囤栽畦池，池深 45～50 cm，池底铺沙整平。囤前4～5天把韭根运入温室，使室温升到20℃左右，促使韭根解冻和打破休眠。而后将韭根理顺，茎盘处对齐捆把，每捆直径约10 cm。囤栽时从池子浇水的进口处开始，要求挤得越紧越好，根系要囤直，并使全畦的韭根平齐。当囤栽到出水口处，要保留15 cm^2 的空地不囤，并用3道小竹棍挡住韭根，用于观察灌水量的多少。

(4)囤后管理　囤栽后浇1次大水，水深漫过茎盘3 cm，然后用黑色薄膜覆盖畦面，促进根株萌芽。过1～2天再浇1次小水，水深3 cm。当幼叶长到10 cm时，揭掉薄膜并浇第3次水，水深5～6 cm。第二天下午叶面无水滴时，向畦面撒细沙或细土，以后每2～3天撒1次，共撒3次，每次2 cm，覆土后及时盖膜，以后浇水要看覆沙(土)的干湿程度，保持沙面潮湿。从囤栽到收割一般需浇5～6次水。温度管理掌握前高后低，囤栽初期为促进根株萌动应控制在25℃左右，中期20℃，临近收割时16～17℃。第二、三刀的管理与头刀基本相同，但温度应提高2～3℃。

八、韭菜病虫害防治

59.韭菜灰霉病有何特点？如何防治？

有两种症状。一种是先在叶上产生白色或灰白色椭圆形或梭形小斑点，重时病斑连片，湿度大时病斑表面产生灰色霉层。另一种是叶尖、叶梢开始变为黄褐色，后迅速扩展，至半叶或全叶发病腐烂。也有时由收割刀口处向下发病，初时水浸状，后呈污绿色，并有褐色轮纹；病斑多呈半圆形至V字形；迅速向下发展，最后全叶烂光。湿度大时病部表面密生灰色绒毛状霉层。

防治方法：韭菜长出4～5 cm高时就要用药防治。以后每次割后盖土前都要施一次药。如用速克灵、百菌清烟剂或粉尘剂，还可选用50％多菌灵，或70％甲基硫菌灵（甲基托布津）500倍液，50％速克灵，或50％扑海因，或50％农利灵，均1 000～1 500倍液。喷药会增加棚室内湿度，最好用药液灌根或施用烟剂。每7～10天施药1次。

60.韭菜疫病有何特点？如何防治？

叶片呈暗绿色水渍状；初半片叶下折，后全叶逐渐变黄软腐。湿度大时，病部产生白色稀疏霉状物。假茎受害时呈水浸状浅褐色软腐，叶鞘容易剥下。鳞茎受害时，茎部呈水浸状浅褐色腐烂，很少发生新根，长势明显减弱。

防治方法：①小水勤浇。疫病靠水流传播，大水漫灌，由于韭菜根部吸水能力差，很容易造成室内湿度过大，使疫病流行蔓延。此外，追肥时要注意追施磷、钾肥，氮肥偏多会造成疫病扩展。②拾净枯叶。残留在土壤中的枯叶，是韭菜疫病发生的病源。当残病叶片干枯落在地上时，要及时清理到室外销毁，以减少病菌来源。③浇水后及时通风。室内湿度过大，容易发生疫病。所以每次浇水后，要及时通风，以减少室内湿度。放风要选在晴天中午进行，通风时间2～3 h为宜。棚室面积以40～50 m^2为宜，面积过大，不易通风管理，温度湿度都不好控制。④喷药防治。室内发现韭菜疫病，要及时进行药剂防治。可用50％多菌灵可湿性粉剂500倍液或40％乙磷铝可湿性粉剂400倍液喷雾防治，每隔 7～10 天喷 1 次药，连续喷药 3 次，即可收到良好效果。喷药时不可浓度过大，以免造成药害。夏季养根期间，遇到雨涝容易发病。所以在防治上要及时排除积水，加强中耕；发现病株及时开始用药防治。

☞ 61. 韭菜霜霉病有何特点？如何防治？

韭菜霜霉病主要为害叶片和花梗。在叶片和花梗上产生卵圆形或长条形、黄色至淡黄色、稍凹陷、边缘不明显的病斑。潮湿时病斑表面有白色霉状物，很快变为淡紫色。干旱时病叶枯萎，多湿时病叶腐烂。病叶和花梗常从病部折断。

防治方法：①选用抗病品种。②实行轮作，与非葱蒜类作物实行 2～3 年轮作。③加强栽培管理。选择地势高燥、排水良好的地块，合理灌水，加强中耕，降低田间湿度；施足肥料，增施磷钾肥；每次收割后清除田间病叶残株。④药物防治。喷施 40％疫霜灵 200～300 倍液；25％甲霜灵 600～800 倍液；70％代森锰锌 300～500 倍液；75％百菌清 500～600 倍液。

☞ 62. 韭菜根腐病有何特点？如何防治？

在高温多雨季节，雨后畦面积水不能及时排出，土壤的湿度过大，抑制根系呼吸时，容易引发根腐病。轻者出现“干梢”，即叶尖枯黄；重者鳞茎和根系腐烂，地上部分枯萎，伴有较浓的臭味，甚至整株死亡。

防治方法：在雨季来临之前停止浇水，进行蹲苗，直至叶色浓绿并呈现轻度“干尖”时才开始浇水。这样可使植株健壮，提高抗病力。雨后及时排水，降低土壤湿度。发现病株，施用 300 倍的波尔多液灌根，每 7 天 1 次。

☞ 63. 韭菜锈病有何特点？如何防治？

在叶片上产生纺锤形或椭圆形隆起的橙黄色小疱斑，后期出现黑色小疱斑。

防治方法：①与非葱蒜类和茄科类蔬菜隔年轮作。②收获后及时清除病残体并将其集中深埋或烧毁。深翻土壤，加速病残体的腐烂分解。③可用 20%粉锈宁 2 000 倍液，或 50%萎锈灵乳油 700～800 倍液，70%代森锰锌可湿性粉剂 500 倍液，或 25%敌力脱乳油 300 倍液喷洒。一般 5～7 天喷洒 1 次，连喷 2～3 次。一定要在发病初期开始喷药，否则效果不好。

☞ 64. 韭菜菌核病有何特点？如何防治？

受害植株叶片及花梗先端变色，逐渐延及下部，使整株部分或全株下垂枯死。从土中拔起，地下部变黑腐败，后期病部灰白色，内部长有白色绒状霉，并混有许多黑色菌核。菌核多分布在近地表处，成不规则形，有时数个合并在一起。

防治方法：①收获后及时清除病残体，集中深埋或烧毁。②与非葱类作物实行 2～3 年轮作。③雨后及时排水、降低湿度。④发病初期开始喷洒 40%多硫悬浮剂 500 倍液，或 50%甲基硫菌灵可湿性粉剂 400～500 倍液，或 50%扑海因可湿性粉剂 1 000～1 500 倍液，或 50%农利灵（乙烯菌核利）可湿性粉剂 1 000 倍液，或 20%甲基立枯磷乳油 1 000 倍液，隔 7～10 天 1 次，连续防治 2～3 次。

65. 如何防治韭菜返眼罩蚊?

韭菜返眼罩蚊属于双翅目花蝇科,俗名葱蛆或根蛆。生活习性与发生规律:在华北地区一年发生 3～4 代,以蛹在地下或粪堆中越冬。5 月上旬为成虫的盛发期,在叶片或植株周围 1 cm 深的表土中产卵,孵化的幼虫很快入土为害。老熟的幼虫在土中化蛹(图 7)。

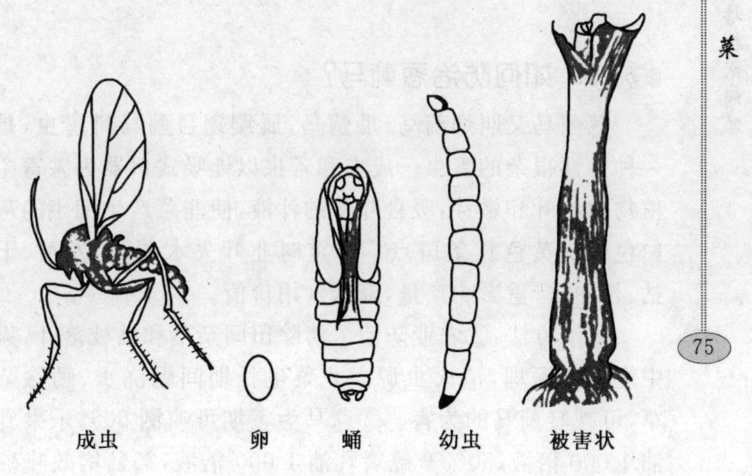

图 7　韭菜返眼罩蚊

韭菜返眼罩蚊主要为害韭菜、大葱和大蒜,以韭菜受害最为严重。幼虫群居在寄主地下部的鳞茎和嫩茎部为害。初孵幼虫首先取食韭菜叶鞘基部的嫩茎上端,春、秋两季主要为害韭菜的嫩茎,使根基腐烂,地上部分叶片枯黄而死。夏季高温时则向下移动,蛀入鳞茎取食,严重时造成鳞茎腐烂,整墩枯死。

防治方法：①进行冬灌或春灌菜地，可消灭部分幼虫，加入适量农药效果更佳。铲出韭根周围的表土，晒根并晒土，降低韭根及周围的湿度，经5～6天可干死幼虫。覆土前沟施草木灰或毒蛾，可防治幼虫。②成虫羽化盛期，用30%菊马乳油2 000倍液，或2.5%溴氰菊酯乳油2 000倍液喷雾，以上午9～10点钟施药为佳。在幼虫为害盛期，如发现叶尖变黄变软，并逐步逐渐向地面倒伏时，用50%辛硫磷乳油500倍液进行灌根防治。

66.如何防治葱蓟马？

葱蓟马又叫烟蓟马、瓜蓟马，属缨翅目蓟马科害虫，是一种食性很杂的害虫。成虫和若虫以锉吸式口器为害寄主植物的心叶和嫩芽，吸食叶管的汁液，使韭菜产生细小的灰白色或灰黄色长条斑点。严重时韭叶失水萎蔫、发黄、干枯、扭曲，严重影响产量，降低食用价值。

防治方法：①农业防治。清除田间杂草和枯枝落叶，集中烧毁或深埋，消灭虫源。韭菜生长期间勤浇水、勤除杂草，可减轻蓟马的为害。②蓟马为害期可喷洒50%乐果乳油1 000倍液，50%辛硫磷乳油1 000倍液，25%增效喹硫磷乳油1 000倍液。

67.如何防治葱斑潜蝇？

葱斑潜蝇又叫葱潜叶蝇，属双翅目潜蝇科。幼虫蛀食叶片的叶肉组织，呈曲线状或乱麻状隧道，破坏叶片的绿色组织，影响韭菜的生长。

防治方法：①清除病叶残体。在韭菜生长期，发现有被幼虫蛀食的叶子应带出田外深埋。收获后，清理残株沤肥或烧毁，可减少虫源，并深翻土壤，冬季冻死越冬蛹。②化学防治。成虫盛发期喷洒灭杀毙 4 000 倍液，或 80%敌敌畏 2 000 倍液。幼虫为害期可喷洒 25%喹硫磷乳油 1 000 倍液，或 20%速杀丁 1 500 倍液，18%杀虫双 600 倍液，7.5% 鱼藤氰乳油 1 200 倍液，10%烟碱乳油 800 倍液，均能起到较好的防效。发生量大时，一般每 7 天用药 1 次。但在韭菜收获前 15 天停用，以防农药残留超过允许标准。

大　葱

一、概 述

☞ 68.大葱的起源地在哪里？栽培情况如何？

大葱起源于中国西部和俄罗斯的西伯利亚。其原产地属于中亚高山气候区，季节温差和昼夜温差都较大，夏季干旱炎热，冬季严寒多雪，是明显的大陆性气候区。起源于这里的蔬菜，一般是在春季化雪以后，水分充足，气候温和时生长。大葱的叶片表现出抗旱的特性，根系不发达，要求湿润、肥沃的土壤，都是适应这种气候特点的表现。

大葱在中国已有 2 000 多年的栽培历史，以北方栽培更为普遍，形成了许多名特产区。如山东的章丘、历城，河北的赵县、隆尧，辽宁的盖县、朝阳，陕西的华县，吉林的公主岭等。大葱抗寒耐热，适应性强，高产耐贮，可周年均衡供应。春、夏、秋供应青葱，冬季主要食用贮藏的“干葱”，也可保护栽培生产鲜葱。

☞ 69.大葱有哪些营养价值？

大葱的假茎和嫩叶质地细嫩，柔嫩洁白，可生食、熟食，营养丰富。大葱的假茎和嫩叶中含有糖类、蛋白质、矿物质和维生素，还含有硫化丙烯，具有辛辣芳香风味，是常年必备的调味佳品，并具杀菌和医疗价值。

二、生物学特性

70. 大葱的根有何特征？

如彩图07、图8所示，大葱是须根系，弦状须根着生于短缩的茎盘上，随着茎的伸长陆续发生新根，发根能力强；根的分支能力弱，根毛少，吸收力弱。大葱的根数可达50～100条，长可达45 cm，直径1～2 mm，主要根群分布在表土30 cm范围内。在深培土的情况下，大葱的根系不是向深处延伸，而是沿水平方向和向上发展。根适于疏松肥沃的土壤，怕涝，在高温高湿条件下易坏死、变黑，丧失吸收功能。

71. 大葱的茎有何特征？

在营养生长期短缩呈扁圆锥体，先端为生长点，黄白色，茎上部每节着生叶子一片，茎盘下部节着生数条不定根(图8)。随着植株生长，短缩茎稍有延长；通过春化以后，停止分化叶芽，开始分化花芽，逐步抽薹开花。大葱抽薹后，生长点受到损伤，在内层的叶鞘基部可萌生1～2个侧芽，并发育成新的植株，即分蘖。

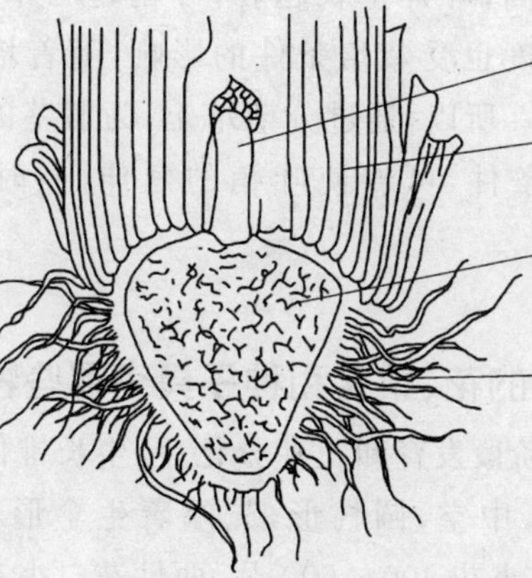

花薹
假茎
茎盘
须根

图 8　大葱茎盘纵剖面

☞ 72. 大葱的叶有哪些特征?

叶包括叶身和叶鞘两部分(彩图 07)。叶身管状中空,在下表皮及其绿色细胞中充满白色油脂状黏液,为含硫辣味物质。绿叶下部白色部分为叶鞘,俗称葱白。叶鞘因品种不同而长短不一,层层包围形成假茎,横断面呈同心圆状。葱叶的分化有一定的顺序性,内叶的分化和生长均以外叶为基础。内叶从相邻外叶的出叶孔穿出叶鞘。外叶分化早,叶龄长,则叶鞘较短。生长期间,随着新叶的不断形成,老叶不断干枯,外层叶的叶鞘也逐渐干缩成膜状。叶鞘是大葱的营养贮藏器官,前期叶鞘较薄,假茎较细;假茎形成期,叶身中的营养逐渐向叶鞘转移,使假茎肥大增长。

大葱的产量取决于假茎的长度和粗度。假茎的生长受发叶速度、叶数多少和叶面积所影响。一般叶数越多,假茎则越粗越高；叶片生长越壮，叶鞘越肥厚，假茎越粗大。假茎的高度也受栽培条件的影响，随着培土层的加厚而逐渐伸长。所以，通过分期培土，为假茎的生长创造黑暗、湿润的条件，可促使叶鞘的延伸，同时也可使其软化。

73.大葱的花、果实和种子具有哪些特点？

大葱完成阶段发育和花芽分化后，生长锥伸长形成花薹。花薹绿色，中空，圆柱形，先端着生伞形花序（彩图08）。每花序有小花400～600朵，两性花。小花有细长的花梗。花被白色，6枚，长7～8 mm，披针形。雄蕊6枚，长为花被长度的1.5～2.0倍，基部合生，贴生于花被上。花药矩圆形，黄色。雌蕊1枚。子房倒卵形，3室。花柱细长，先端尖。大葱属异花授粉、虫媒花植物，采种时应注意隔离。

大葱果实为蒴果，内含种子6枚。幼嫩果绿色，成熟后自然开裂，种子较易脱落。种子盾形，种皮黑色、坚硬，表面有较多不规则的皱纹，脐部凹陷，千粒重2.4～3.4 g。种子寿命短，仅1～2年，生产上宜用当年新籽。

74.如何区分大葱、韭菜和洋葱的种子？

大葱、韭菜和洋葱的种子，表皮都是黑色，腹面扁平，背面隆起，极为相似，不易区别，但仔细观察，各有差异，肉眼也可以鉴别。见表1和图9。

表1　大葱、韭菜和洋葱种子比较

	大葱	韭菜	洋葱
形状	盾状稍扁平有棱角	盾状扁平	盾状簇角
大小	小	大	中
表皮皱纹	稍多而不规则	多而密	少而整齐
脐部	浅凹	无凹洼	深凹
千粒重(g)	2.5～3.6	4～4.5	3～4
每克粒数	274～400	222～250	250～333

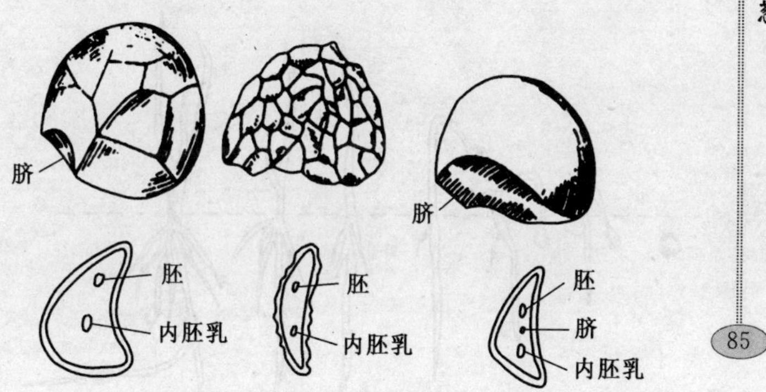

图9　大葱、洋葱、韭菜种子形状比较

75.大葱的生长发育周期分为几个阶段?

大葱是2年生蔬菜,整个生长发育周期可分为营养生长和生殖生长两个时期。春播大葱当年秋季形成商品大葱,翌年抽薹开花形成种子,生长发育周期15～16个月。秋播大葱翌年秋季形成商品大葱,第三年抽薹开花形成种子,生长发育周期长达21～22个月。

76.大葱的营养生长分为哪几个时期?

大葱的营养生长包括发芽期、幼苗期、葱白形成期和休眠期。

(1)发芽期　从播种到第一片真叶出现为发芽期,为9～15天,栽培中要求湿润的土壤,以使幼苗顺利出土(图10)。据观察,大葱种子在日平均温度达到7℃时开始发芽,从播种到立鼻需有效积温为14℃左右,20℃出苗最快。

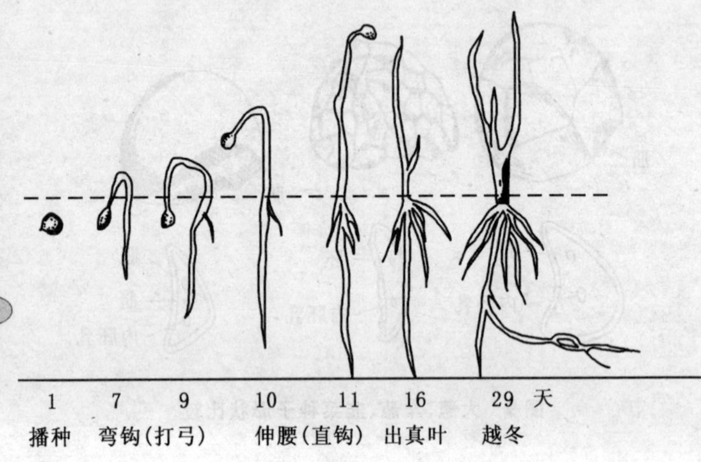

图10　大葱种子的发芽出苗

(2)幼苗期　从子叶直钩到定植为幼苗期。秋播的幼苗期为250～280天。其中:①冬前期为40～50天,这一阶段的气温较低,植株生长量小,要防止幼苗过大,感受低温而先期抽薹,同时也要防止幼苗徒长而降低越冬能力,一般幼苗为二叶一心时即可安全越冬。②越冬期为120～150天,幼苗生长极其微弱,要注意防寒保墒,以保证幼苗安全越冬。③返青旺盛生长期 80～90 天，是培养壮苗的关键时期；当日平均气温达到 7℃以上时，开始返青，要及时浇返青水，施提苗肥；日平均气温 13℃以上时进入旺盛生长期，要间苗、除草，使幼苗茁壮生长。春播的幼苗期仅 80～90 天，出苗后很快进入旺盛生长期。

(3)葱白形成期　从定植到收获为葱白形成期，为 120～140 天。葱白形成期又可分为缓苗越夏期、葱白形成盛期和葱白充实期。

缓苗越夏期　从定植到越夏后生长开始加快，为需 60 天。此期时逢高温雨季，植株生长缓慢，土壤通气不良，容易发生烂根、黄叶和死苗现象，应该加强中耕。

葱白形成盛期　越夏后至气温降至 4～5℃，为 60～70 天。此期气温逐渐转凉，植株生长加快。气温在 20℃以上时，每 3～4 天发生 1 片新叶，气温降至 15℃左右时，每 7～14 天形成 1 片新叶。白露节前后是大葱最适生长季节。此时叶片寿命长，每株功能叶增至 6～8 片，假茎随之伸长增粗，是肥水管理的关键时期，也是培土软化的适宜季节。

葱白充实期　当气温降至 4～5℃时，叶片生长趋于停滞，葱白增长速度减慢，叶身和外层叶鞘中的养分继续向内层叶鞘转移，使假茎更为充实，此期历时约 10 天，是大葱收获适期。

(4)休眠期　大葱没有明显的生理休眠期，但在低温下被迫进入休眠状态。休眠期的长短，因各地区的气候条件而异。在北方秋冬收获后，休眠期为 120～150 天。这个时期的秧苗处于休眠状态，要防止发生冻害，所以冻前要浇足冻水，并铺上粪土等覆盖防寒。

77.大葱的生殖生长分为哪几个时期?

大葱属于绿体春化型植物,也就是说,植株达到一定生理苗龄后才能通过春化。据观察:大葱长出4～5片真叶(包括已分化的叶原基8～9片)的株龄,满足2～5℃低温且维持低温时间60～70天才能通过春化。成株大葱在不高于7℃的低温下经过7～10天即可通过春化。大葱抽薹开花要求较长的日照条件,但有些品种对日照长度反应不敏感。

大葱的生殖生长分为花芽分化期、抽薹期和开花结籽期。

(1)花芽分化期　商品大葱在休眠期感应低温后开始花芽分化,花芽分化期一般与休眠期重叠。据观察,在山东,从早春到9月上旬播种的大葱,均可在秋末或冬前通过春化并形成花芽;9月中下旬播种的,可在第2年春季或秋季分化花芽。

(2)抽薹期　从花芽分化后至花苞开裂开始开花,约30天。

(3)开花结籽期　从始花至种子成熟,约50天。大葱花序顶部的小花分化早,开花也早,每个花序的花期为15～20天,当周围小花开放时,顶部小花已受精。

78.大葱生长过程中对光照有什么要求?

大葱要求中等强度光照,因为筒状叶的叶面积小,在密植的情况下,受光仍然良好,所以不需较强的光照。光照过强,叶片老化,纤维增多,降低食用价值;光照过弱,光合强度降低,叶片易黄化,影响营养物质合成与积累,导致严重减产。

长日照是诱导大葱花芽分化必不可少的条件。大葱植株长到一定大小时，通过春化阶段，再经过长日照，才可抽薹开花。但不同品种对日照长度要求不同，有些品种经春化以后，无论在长日照或短日照条件下都可以正常抽薹开花。

☞ 79.大葱要求什么样的温度条件?

大葱是耐寒性蔬菜，耐寒能力较强，但耐热性较弱。幼苗和种株在土壤、积雪的保护下，可忍耐－30℃的低温而露地越冬，所以在高寒地区，不加覆盖物也能安全越冬。据试验，大葱生长适宜日平均温度为13～25℃，全株重增长最快的温度为19～25℃，叶鞘积累养分的适宜温度为13～20℃。高于25℃植株生长不良，叶片变黄，假茎细弱，易感病害。

大葱是植株感应型，也就是说达到一定的营养体后，经过一定的低温条件，通过春化阶段，再经过长日照高温而转入生殖生长。当幼苗超过4个叶片，经过60～70天的2～5℃低温影响，在春天返青后、定植前已经满足了长日照和高温条件，所以抽薹是难免的。

☞ 80.大葱要求什么样的水分条件?

大葱由于原产地冬季多雪，在春季化雪后，土壤水分充足时生长，气候虽然温和，但空气比较干燥，所以形成了叶片比较耐旱，而根系喜湿的特征和特性，生长期间要求较高的土壤湿度和较低的空气湿度。

大葱的各个生育阶段对水分的要求是不同的。根据不同生育阶段的需水规律和气候特点，进行水分管理，才能获得大葱的高产。

大葱在发芽期需水较多，生产时不进行催芽而是播干种子，所以必须保持土壤湿润，才能保证萌芽出土；幼苗生长前期，为防止徒长或秧苗过大，应适当控制水分，保持畦面见干见湿；越冬前浇足冻水，保证安全越冬；春天返青后，为促进幼苗生长要浇返青水；进入幼苗生长盛期，生长速度快，温度也已升高，土壤蒸发量大，应增加浇水次数和浇水量。

定植后的缓苗阶段，土壤水分不足，缓苗比较慢，但是土壤过湿容易引起烂根、黄叶，影响生长。所以应以中耕保墒为主，促进根系生长。葱白形成期，需水量较多，需保持土壤湿润，才能提高产量和品质。

收获前减少灌水，以利“回劲”，防止恋青，提高耐贮性。

总之，大葱适应性强，生育期间土壤水分多一些少一些对生育并无严重影响。水分不足，植株较小，辛辣味浓，但是水分过多容易沤根，严重时土壤含氧量少，易涝死，所以，雨季排水非常重要。

☞ 81．大葱要求什么样的土壤条件？

大葱要求土层深厚、保水力强的土壤。沙壤土质地疏松，通透性强，便于培土软化。沙性土栽培大葱，假茎洁白，但质地松，耐贮性差。黏性土栽培大葱，假茎质地紧密，辛辣味浓，但色泽灰暗。壤土栽培产量高，品质好。

大葱喜肥，每生产 500 kg 大葱，约吸收钾(K_2O)2 kg，氮 1.5 kg，磷(P_2O_5)0.61 kg。基肥喜有机肥，追肥要求氮、磷、钾齐全。青葱栽培注重氮肥施用。此外，钙、锰、硼对大葱的生长也有一定的作用。

大葱要求的 pH 值，7～7.4 最适宜，低于 6.5 或高于 8.5 对种子发芽和植株生长都有抑制作用。

三、类型与品种

82. 大葱可以分为几种类型?

大葱包括普通大葱、分葱和楼葱。在植物分类学中，分葱和楼葱是普通大葱的变种。常说的大葱一般指普通大葱。

(1)分葱　植株矮小，假茎细而短，分蘖能力强，多用分株繁殖。分葱辣味较淡，以食用柔嫩的叶片和假茎为主，南方各省普遍栽培。

(2)楼葱　又叫龙爪葱。植株直立，分蘖性和抗逆性强，花器变异，在花薹上形成气生鳞茎，以气生鳞茎为繁殖材料。葱叶短小可食，但品质不佳，主要分布在东北地区，但栽培不多。

(3)普通大葱　普通大葱分蘖力弱，以叶鞘相互抱合形成的假茎和嫩叶为产品器官。假茎肉质甘甜脆嫩，能开花结实，用种子繁殖。按其假茎高度可分为长葱白类型和短葱白类型两类。

①长葱白类型　植株高大，假茎较长且基部和顶部粗细相近，直立性强，质嫩味甜，生、熟食均优。主要优良品种有：山东章丘的大梧桐(又叫梧桐葱)、气煞风、明水大葱、固葱，吉林的公主岭大葱，北京的高脚白，陕西华县的谷葱，天

津宝坻五叶齐，拉萨大葱，辽宁的盖平大葱、鳞棒葱等。

②短葱白类型　植株稍矮，假茎粗短，且基部膨大，叶略弯曲，叶尖较细，香气浓厚，辣味较强，最适熟食或作调味品。优良品种有：山东章丘的鸡腿葱，河北的对叶葱、隆尧大葱等。

83.大葱有哪些优良品种？各有什么特性？

(1)高脚白　天津市农作物品种审定委员会1987年认定的天津地方品种。株高75～90 cm，葱白长35～40 cm，横径3 cm。成株有绿色管状叶8～10片，单株重0.5 kg左右。耐寒，耐旱，耐热，不耐涝，较抗病虫害，耐贮藏，质嫩，味稍甜，品质好。亩产可达5 000 kg。

(2)鸡腿葱　天津市农作物品种审定委员会1987年认定的天津地方品种。植株矮而粗壮，株高60 cm左右，开展度20 cm。葱白长26～30 cm；基部膨大，直径4.5 cm；向上渐细，且稍有弯曲，形似鸡腿。成株有绿色管状叶8～9片，单株重50～150 g。葱白肉质细密，辛辣味浓，品质佳。耐寒，耐热，稍耐旱，不耐涝。抗病虫力强，干葱耐贮运。产量不高，一般亩产2 000 kg左右。

(3)五叶旗　天津市农作物品种审定委员会1987年认定的天津市宝坻县地方品种。株高90～100 cm，葱白长30～50 cm，直径3 cm左右。不分蘖，整个生长过程中始终保持5片展开叶。单株重250～300 g。风味辣中带甜。耐寒，耐旱，不耐涝，较抗病，耐贮藏。亩产4 000 kg左右。

(4)海阳大葱　河北省农作物品种审定委员会1990年认定。河北省抚宁县农家品种。株高75～85 cm，葱白粗3.0～3.6 cm，单株重0.35～0.40 kg。植株长势强，叶片开展度大，分蘖性强，抗寒性、抗病性强。味辛辣，纤维少，品质佳。一般亩产 2 500 kg 左右，高产可达 3 500 kg。

(5)三叶旗　辽宁省农作物品种审定委员会 1988 年审定，辽宁省营口市蔬菜研究所利用地方品种系统选育而成。株高 120～140 cm。假茎长 60～70 cm，粗 2.0～2.6 cm。地下假茎有鲜艳的紫膜。3～4 片叶，叶色深绿，叶形细长，开张度小，叶表面蜡质层厚。植株不分蘖。种株薹茎高 100 cm 左右。花球直径 6～8 cm，花朵数 100～500 个，每株结果 100～200 个，每个果实结种子 4～6 粒，种子千粒重 3 g 左右。植株质地细嫩，具有刀下散花特点。辣味适中。对紫斑病抗性较强。叶壁较厚，叶鞘包合紧，不易倒伏。亩产 3 000 kg 左右。

(6)毕克齐大葱　内蒙古自治区农作物品种审定委员会 1989 年认定，呼和浩特地区农家品种。株高 95～115 cm，开展度 29～45 cm。葱白长 29～39 cm，粗 2.2～2.9 cm。9～11 片叶。单株重 80～150 g。小葱秧的葱白基部有一个小红点，似胭脂红色，随着葱的成长而扩大，裹在葱白外皮形成红紫色条纹或棕红色外皮。在内蒙古自治区地区植株生长势强，生长期 100 天左右。抗寒，抗旱，抗病力强，但易受地蛆为害。葱白质地紧密、脆嫩，辛辣味浓，品质佳，耐贮运。亩产 2 000 kg 左右，最高可达 3 500 kg。

(7)赤水孤葱　又称华县谷葱，陕西省农作物品种审定委员会 1982 年认定，陕西省农家品种。植株高大，直立生长，株高 90～100 cm。叶色深绿，蜡粉较薄。葱白长 50～65 cm，无分蘖，茎粗约 2.5 cm。单株重 300 g 左右，最大可达 500 g。品质好，味甜，嫩脆。中晚熟，耐寒性强，耐旱，耐盐碱。

(8)章丘大葱　山东省章丘县农家品种。株高 120 cm

左右，葱白长 50～60 cm，葱白直径 3～5 cm，单株重 0.5～1 kg，不易抽薹和分蘖，生熟食俱佳，质嫩味甜。主要有两个品系：

①梧桐葱　叶色较淡，管状叶细长，叶肉较薄，叶直立或斜伸，不聚生，叶间拔节较长，排列稀疏，植株高大，抗风力弱。葱白细长，直圆柱形，纤维少，含水量多，品质甘美脆嫩，生长期 270～350 天，耐贮运，适宜密植。亩产 2 600～4 000 kg。

②气煞风　叶色深绿，管状叶粗短，聚生，叶肉厚韧，叶身短而宽，叶面有较多蜡粉，因抗风力特强而得名气煞风。葱白粗短，基部略有膨大，品质上等，略有辛辣味，生熟食皆宜。晚熟品种，生长期 270～350 天。较抗紫斑病，为冬季贮藏的优良品种。亩产 3 000～4 000 kg。

(9)盖平大葱　又称高脖葱，辽宁省盖平县农家品种。株高 100 cm 左右，葱白长约 50 cm，直径 3～4 cm，单株重 500 g 左右，叶色深绿细长，植株直立，不易抽薹，不分蘖，品质柔嫩，味甜。亩产 2 000～3 000 kg。

(10)安宁大葱　云南省昆明市的农家品种。葱白长 25～30 cm，直径 2～3 cm，单株重 100～300 g，抗逆性强，最适宜沙壤土栽培。春秋两季均可栽培，春季播种的 6～7 月间定植，培土两次，"元旦"上市，亩产 5 000 kg 左右。秋播 10 月中下旬播种，第二年 3～4 月定植，培土 2～3 次，"国庆节"以后上市，亩产 6 000～6 600 kg。

(11)临泉大葱　俗称大白皮，是安徽省临泉省的农家品种。株高 110 cm 左右，葱白长 40 cm 左右，直径粗 1～3 cm，分蘖能力中等，一般有 4 个分蘖，管状叶较粗，翠绿色，品质优良，假茎肥嫩洁白，味香，甜辣，适应性强，耐寒，耐热，耐旱，抗病。冬季管状叶不枯萎，越冷越绿越肥大。

一般在夏季播种，生长期 210 天左右。

(12)凌源鳞棒葱　鳞棒葱是辽宁省朝阳市凌源县的地方品种。长势较强，株高 110～130 cm，假茎长 45～55 cm，粗 3 cm 左右。单株重 250～500 g，最大可达 1 kg 以上，干葱率 50%～60%。叶片明显交错互生，叶色深绿，葱白质地充实，纵切后各层鳞片易散开，味甜，微辣，香味浓厚，抗逆性强，耐贮运。亩产 1 660 kg 左右。

(13)分葱　天津市农作物品种审定委员会 1987 年认定，青岛市地方品种。株高 40～50 cm，葱白长 15～20 cm，直径 1 cm 左右。分蘖力强，每株分蘖 2～3 个，开花期也能分蘖，可采取分株繁殖。单株重 100～150 g。葱叶辣味浓，品质好。亩产 4 000 kg 左右。

(14)寒兴葱　又名红头葱，上海地方品种，能开花但不结实。抗寒能力强，冬季生长迅速；但耐热力弱，依靠鳞茎越夏。寒兴葱需要分株繁殖，分株的时间在清明至大暑前，立秋至大寒前，高温季节和严寒季节都不能分株。

(15)细香葱　上海地方品种。品质较佳，属于能结实品种。虽可分株繁殖，一般都用种子繁殖。播种期分别为春播和秋播。春播由春分开始，分批播种到夏至。秋播的从处暑开始，分批播种到寒露。播种 2 个月左右即可采收。定植除高温季节和严寒季节都可进行。留种葱冬至前后定植，第二年 6 月份采收种子。

(16)白米葱　上海地方品种。品质不如细香葱，但产量高，栽培面积较大。其他方面与细香葱相同。

(17)四季葱　浙江省农作物品种审定委员会 1985 年认定，浙江省地方品种。株高 30～40 cm，须根白色，假茎部有白色小鳞片。叶片筒状，中空。四季青绿，分蘖力强。假茎和叶片可四季采收，有浓郁的芳香味。亩产 1 000～

2 000 kg。

(18)百利洋葱　福建省种子公司从美国引进的大葱新品种，大田县 2000 年引种试种，2001 年推广种植，表现高产、优质、多抗等特点。洋葱-中晚稻，早稻、再生稻-洋葱已成为当地粮食种植结构调整的一种新型栽培模式。该品种生长势强，株高 90～110 cm。叶片粗长，成株 7～9 片叶；叶色浓绿，叶肉肥厚。葱白 40～50 cm，横径 3～5 cm。单株鲜重 200～250 g。抗病性强，高抗病毒病、霜霉病，中抗紫斑病。适应性广，耐寒耐热，耐旱不耐涝，抗风抗倒伏。品质好，质地细微，甜辣适中。口感好，可供生食及调味用。耐贮运。生长期短，定植后 100～140 天可收获上市。适宜缺水田块种植。高产高效，每公顷产量 50～70 t，产值 2～3 万元。

(19)牡丹葱王　山东省曹县大葱研究协会培育出的杂交型优质大葱。经山东省曹县农委新农业服务中心在全县及河北、四川、河南、安徽、新疆、广西等地的大葱种植区示范推广，均获得成功。秋播，平均亩产鲜葱 10 000 kg；春播，一般亩产 7 500～8 000 kg，比对照大葱品种增产 50%左右，且商品葱质量也远优于目前推广的其他大葱品种。该品种根长 30～40 cm，侧根少。独棵不分蘖。短缩茎扁球状，其上着生多层管状叶鞘；多层叶鞘裹着 4～6 个幼叶，构成食用器官假茎。株形粗大，不易抽薹，成株高 160～180 cm。有绿色管状叶 6～8 片。管状叶粗大，叶尖钝，叶肉韧厚。葱白上下粗度均匀，长 70～80 cm，茎粗 4 cm。单株重 1～1.5 kg。葱白脆嫩甜香，稍有辣味，纤维少，品质好，可食率在 95%以上。牡丹葱王适应性广，抗寒，耐热，抗倒伏，对气候和土壤要求不严，适合我国大部分地区种植。

(20)沈葱 1 号　沈阳农业大学选育。该品种于 2002 年 12 月通过辽宁省科技厅组织的专家鉴定。植株生长势强，株形紧凑，辣味浓郁。株高 11～13 m，假茎粗 3～4.5 cm，叶间距 5～6 cm，葱白长 50～60 cm，平均单株重 320 g，葱白指数 16～18，株幅 19 cm 左右。抗风力中等。平均产量为每公顷 62.59 t。收获期较普通章丘大葱晚 7～9 天，耐贮藏。含粗蛋白 1.59%，含磷量较高。经沈阳农业大学植物保护学院接种大葱紫斑病菌鉴定，表现抗紫斑病，病情指数 6.25。经田间试验，抗病毒病，病情指数 4.3。

(21)辽葱 1 号　辽宁省农业科学院园艺研究所选育而成，2000 年通过辽宁省农作物品种审定委员会审定。植株生长势强，平均株高 110 cm，最高可达 150 cm。葱白长度 45～50 cm，横径 3～4 cm。叶身浓绿色，表面蜡粉较多，叶片上冲，叶肉肥厚，直径 3 cm。在生长期间拥有 4～6 个常绿色功能叶片。植株不分蘖，平均单株鲜重 250 g，最大单株鲜重 750 g。肉质细嫩，甜辣适中，口感较好，营养丰富，品质优良。抗病能力强，紫斑病、霜霉病和病毒病的发病率分别为 48.6%、24.2%和 2.1%，比对照品种章丘梧桐各减少 13.9%、7.3%和 7.8%。抗寒，耐热，耐贮。经过冬季贮藏后的干葱率高达 70.04%，比对照品种高出 7.98 个百分点，损失较少。生长速度快，生育期短，一般在定植后 90 天左右就可收获。平均亩产 4 017.2 kg，比对照品种增产 25.4%。

(22)辽葱 2 号　辽宁省农业科学院园艺研究所选育。植株高 115 cm 左右，最高可达 160 cm。葱白长 45～55 cm，横径 3.0～4.5 cm。叶片深绿、直立，叶表蜡粉多。生长期间功能叶 4～6 片。植株不分蘖，平均单株鲜重 250 g，最大可达 800 g。植株长势强，生长速度快，定植后

90天左右即可作冬贮葱收获。抗病性好。耐贮。

(23)六藏葱　山东省农业实业集团引进的日本大葱品种。该品种在山东省潍坊等地已经栽培成功，并成为保鲜菜加工出口的重要品种。该品种葱白长，一般在45 cm左右，培土可使葱白更长。葱体粗，密植时稍细，叶鞘紧抱性强。叶直立，便于机械化作业。产量高，一般亩产4 500～5 000 kg。品质优良，葱白不松软，口感细嫩，味甜，纤维少。耐病性强，特别对叶锈病表现出较强的抵抗力。耐寒性强，对土壤的适应性广。

(24)商都葱王　山东省菏泽市农业技术专家培育。该品种属于长白型，独棵不分杈。株高160～170 cm。葱白长75～85 cm，直径4～5 cm。平均株重1 kg，最重达1.5 kg。成株有绿色管状叶8～10片，叶尖锐，叶色浓绿，有蜡粉。葱白直圆柱形，基部无明显膨大，质地脆嫩，纤维少，汁多，稍甜，辣味小，商品葱品质佳。平均亩产鲜葱8 000 kg。

(25)日宝巨葱　山东省曹县农委新农业服务中心从日本引进的高营养富硒大葱品种。平均亩产鲜葱9 000 kg，高产田达到12 000 kg。该品种独棵不分叉，株高150 cm。葱白长80 cm，茎粗4 cm。单株重1～1.5 kg。管状叶粗厚，叶尖钝，生长整齐，上下粗细均匀，葱白质地洁白细嫩，富含抗癌保健物质硒元素，味道甜香微辣，生食品质佳。日宝巨葱适应性较强，喜疏松肥沃土壤，宜稀植。幼苗生长速度快，可作干葱、鲜葱、小葱栽培，随时供应市场；从定植到收获，仅需90～110天。

(26)杂交一号　吉林省长岭县金园农科所育成的杂交品种。植株高150～165 cm，叶色深绿，秋收时无黄叶、干叶。葱白长65～75 cm，圆柱状，质地细致，茎充实。当年育苗移栽，平均株重 1 kg，最大株重 2.4 kg。抗病，抗寒，抗倒伏。根系粗状，生长迅速，高产质优耐贮运。每公顷产 120～150 t，比大梧桐 29 系增产 50%以上。

(27)十国-本太大葱　青岛国际种苗有限公司从日本引进的大葱品种。秋、冬两季收获，长势好，直立。叶为深绿色，较短，稍粗。植株高 90～100 cm，粗 2.5～3.0 cm。软白部分粗、紧密性好，肉质细腻、有光泽。耐高温、干燥。夏秋两季生育旺盛，肥大性好。低温下伸长性突出。抗病性强。

(28)东京夏黑长葱　青岛国际种苗有限公司从日本引进的大葱品种。耐热，早熟，丰产，品质优。叶浓绿色，长势旺盛，折叶现象少。葱白长 40 cm 以上，粗 2.0～2.5 cm。软白部分纯白、光滑，具有光泽，肉质美味可口。茎部叶片紧凑，直立，裂损少，生长整齐，美观。收获期长。

(29)春峰大葱　青岛国际种苗有限公司从日本引进的大葱品种。晚抽薹，品质高的杂交品种。植株生长强健，耐热，耐冷。叶暗绿色，叶鞘长 35 cm 以上，粗 2.0～2.5 cm。茎部紧实，葱白有光泽，叶不徒长，栽培容易。最适于晚春初夏收获。

(30)泷光-本太大葱　青岛国际种苗有限公司从日本引进的耐热、耐寒性强和整齐性好的杂交品种。株高 90～95 cm，叶 6～7 片。葱白长 35～38 cm，粗 2.0～2.5 cm。叶较短，长势旺盛。葱白紧实，外观良好。适合不同的季节种植。

(31)铁葱 1 号　铁岭市农科院选育，2002 年由铁岭市科技局和种子管理站组织有关专家鉴评，定名为铁葱 1 号。植株高大直立，生长势强，分蘖率低，叶色深绿，叶肉较厚，开张角度小，适合密植。平均株高 111 cm，葱白长而洁白，平均葱白长 40 cm，平均葱白粗 3.6 cm，单株鲜重 500 g 左右，最重可达 800 g，辛辣味浓，品质好。植株抗病性好。亩产 6 080 kg。

(32)掖选 1 号　又名“吉祥快葱”，山东省莱州市蔬菜所 20 世纪 80 年代通过辐照技术培育的新品种。该品种最适于夏播冬栽春收，上市季节正直大葱生产供应淡季，效益好。株高 100 cm，葱白长 30～40 cm，茎粗 3 cm 左右，叶片数 5～6 枚，单株重 0.2～0.4 kg，亩产 5 000 kg 以上。叶距稀疏，叶色浓绿，葱白甜脆肥嫩，洁白细腻。葱白及嫩叶辣味均较淡，适宜生食。独根不分蘖，极少出现双葱。耐高肥水。5 月中下旬商品收获，成熟早，生长期短，病虫害少。

(33)仙鹤腿大葱　秦皇岛市海港区蔬菜生产的主栽地方良种之一。株高 100～130 cm，葱白长 80～120 cm，单株重 350～500 g，亩产 3 000 kg 以上。该品种产量高，品质好，耐性强，适应性广，对土壤和水肥条件要求不十分严格。

(34)娜姑弯葱　云南省会泽县的地方特色大葱品种，因横栽竖长再加上人工培土使其葱白弯曲而得名，具有悠久的栽培历史。娜姑弯葱晚熟，抗寒力强，生长最适温度为 12～20℃。植株高大，质地鲜嫩、脆甜，营养丰富，高产稳产。株高 80～100 cm。葱白洁白美观，长 24～30 cm，横径 1.2～2 cm，呈圆筒状直角弯曲。由于采用开沟横排培土软化，形成洁白、肥嫩适中的“娜姑弯葱”。叶色鲜绿，叶上冲或斜伸，表面披有蜡粉。管状叶细长，叶尖锐。叶肉较薄。叶鞘间距较稀，辣味较轻，香甜可口。单株质量 0.5 kg 以上。对紫斑病有较高的抗性，对霜霉病和病毒病的感病率极低。亩产大葱 5 000 kg。对土质要求不严，但以富含有机质的中性或微碱性土壤生长最好，要求有充足水分供应。

(35)济研 1 号寒葱　济南开发区金谷农牧科研所和单

县科委联合培育而成。适于冬栽春收反季节栽培。具有良好的适应性，表现出抗寒、早熟、抗病、耐抽薹、冬季栽培不枯叶等良好的生产优势。一般亩产鲜葱 4 000～5 000 kg。

(36)寒丰大葱　株高 80～90 cm，叶色浓绿，葱白长 36 cm，肥嫩甜脆，适宜炒食、调味。早熟，抗寒，抗病，耐抽薹。冬季栽培不枯叶，能短期耐零下 15～16℃的低温，长期忍耐零下 8～10℃的低温。年后返青早，生长快，能迅速抢占冬季市场。每亩产量 4 000～5 000 kg。

(37)中华葱王　由河南省通许县果树蔬菜研究所葱研室选育而成。经过几年间的多点试验示范，突出表现丰产、质优、抗逆性强等优点。中华葱王品种由章丘大葱品种定向提纯，父本采用 6 系，母本采用章丘大葱优系，两系进行杂交、隔离选育而成。通过几年间的示范证明，品质及产量优于章丘大葱和其他品种，产量增长 38.5%。该品种生长势强，植株根壮，叶色浓绿，不分蘖，商品性好。葱白长而洁白，味美辛辣。植株高 170 cm，葱白长 80 cm，茎粗 3 cm。单棵重 500 g，最大可达 1 500 g。亩产鲜葱 6 500 kg 左右。

(38)旱葱系列大葱　旱葱 1 号、2 号、3 号大葱是陕西省华县辛辣蔬菜研究所育成的适宜旱作栽培的 3 个新品种。

①旱葱 1 号　株高 90～100 cm。不分蘖。叶色绿，叶面蜡粉少。假茎长 45～50 cm，粗 3～4 cm。葱白纯白色，光滑，有光泽。葱白细嫩，辣味小，品质好。中早熟，抗寒，耐旱，耐贮。生长势强，秋后生长迅速，增产潜力大，每亩产量 3 000～4 000 kg。

②旱葱 2 号　株高 70～80 cm。不分蘖。叶色浓绿，叶面蜡粉多，叶管粗短，叶壁较厚，直立性强，折叶现象少。假茎长 35～40 cm，粗 4 cm。葱白纯白色，包合紧密，辣味较小，品质好。晚熟，特抗寒，耐旱，极耐贮，每亩产量

3 000～3 500 kg。

③旱葱 3 号　株高 80～90 cm。不分蘖。叶色浓绿，叶面蜡粉多，生长中后期可常保持绿叶 6～7 片。假茎长 40～45 cm，粗 4～5 cm。葱白纯白色，辣味较小。中晚熟，抗寒，耐旱，耐贮。秋后生长迅速，丰产性好，每亩产量 3 500～4 000 kg。

(39)新葱二号　河南省新乡市农科所培育的高抗病毒病、紫斑病并高产、优质的大葱品种。是用“新乡 80”做母本，“章丘大葱”做父本，经连续 5 代回交选育而成。目前已在河南、广西、河北大面积种植。株高 100～130 cm。假茎(葱白)长 50 cm 左右，假茎粗 2～3 cm，直筒形且坚实。生长期功能叶 5～6 片，深绿色，直立或稍斜伸，表面披有蜡粉。辛辣味中等，生熟食俱佳。具有抗风、抗寒、耐旱、耐贮运的特点。一般每亩产量 5 000 kg，最高达 7 000 kg。

(40)青叶一号　燕赵种业蔬菜种子公司选育出的一个综合性状优良的大葱品种。植株管状叶直立，6～7 片，叶色深绿，叶面蜡粉多。株高 150 cm。葱白长 55 cm。单株重 500 g。抗病、抗倒、耐热性好。高抗大葱紫斑病、锈病及黄矮病，抗霜霉病。优质、耐贮，生长势强。不分蘖或分蘖少。可四季收获，一般大田亩产鲜葱 8 000 kg。

(41)改良长悦　杂交大葱的代表品种。抗热，抗寒。植株整齐度好，不易分叉。比长悦叶色更深，叶片短，收获方便。叶鞘部紧实。葱白长达 45～50 cm，有光泽，紧实，口味佳，田间保持期长。比长悦更抗病，特别是抗锈病和霜霉病性能强，极耐抽薹。可周年栽培。

(42)凯德兰特　凯德兰特大葱原产美国加州，近年花巨资引入我国，是世界多数国家认可的优良品种。该品种的优点表现为：长势强，产量高，口感好，外观美，耐贮运，好销售，适应广。集我国章丘大葱的紧实、高大和日本横滨大葱的速生、香脆于一体，是一个适合我国种植的春秋双季种植的大葱品种。秋种的亩产 3 500～5 000 kg；春种的亩产 5 000～7 000 kg；高产田可超越 8 000 kg。

(43)阳月大葱　山东信康物产有限公司从日本引进种植的大葱新品种。该品种高产，品质好，植株直立，不易发生折叶，便于机械化操作。叶色深绿，伸长的葱白坚实肥大且富有光泽，颈部绿白分明。抗萎缩病、锈病。属秋冬季收获的新品种，适宜加工出口。

(44)长悦　目前在我国市场销售的大葱品种中最耐抽薹的品种之一。抗热性和抗寒性均强。通过调整播种期能实现周年均衡上市供应。该品种管状叶直立，浓绿色，叶片不易折断，可密植。葱白长 45～50 cm，有光泽。葱秆结实，口味佳，整齐度高。耐贮运。在栽培过程中，既要防止高温高湿，又要防止土壤干旱，以免出现大葱分叉现象。

(45)长宝　该品种耐热和耐寒性极强，高温季节生育旺盛，栽培比较容易。根系比一般品种发达。叶鞘部紧实。葱白长 40 cm，有光泽，且整齐度好，田间保持期长。高抗锈病、霜霉病。在冬季低温下叶片褪色、黄化现象不易发生。生产上应保持前期生育旺盛。

(46)金长 3 号　为金长大葱的改良品种。植株生长速度极快，生产上一般用于早熟栽培。耐寒性特别好，低温下伸长性佳，叶鞘部紧实。葱白长 45 cm，有光泽。

(47)明彦　该品种生长强健，产量高，是秋、冬季收获的优良品种。叶片浓绿。叶直立，粗状，不易折断。葱白紧实，有光泽，长 40 cm。叶鞘部紧实。品质好。抗锈病、霜霉病。严寒季节不易发生颈部冻害和叶片枯萎的现象。该品种生长旺盛，对土壤的适应性广。

(48)大梧桐　山东省章丘县地方品种,已通过山东省农作物品种审定。株高1.0～1.4 m,最高达2 m。单株有功能叶7～8片,呈粗管状,叶肉略薄,叶端锐尖,蜡粉少,深绿色,叶距略大。葱白长48～66 cm,最大达80 cm;圆柱形,基部横径3.3～5.0 cm。质地洁白松脆,纤维少,汁多,微甜,辛辣适中,最适生食、凉拌、炒、烧、制馅等。不分蘖,抗强风能力略差,抗紫斑病能力较弱。耐贮存,亩产3 000～5 000 kg。适宜全国各地栽培。

(49)大梧桐29系　山东省章丘县农业局对大梧桐进行系选复壮后选出的新品系,已通过山东省农作物品种审定。植株高大,株高1.3～1.5 m。单株有功能叶5～7片,叶面蜡粉厚,叶肉厚韧,叶尖向上或斜生。葱白长55～70 cm,圆柱状;基部不膨大,粗4 cm左右。质地洁白,光滑,脆嫩多汁,纤维少,品质极佳。植株长势强,直立,不分蘖。抗寒性强,耐高温,抗风力强,秋凉后生长旺盛。抗病性亦强,较耐紫斑病、霜霉病、菌核病。适宜密植,亩产5 000 kg左右。适宜全国各地栽培,忌重茬地块。

(50)寿光鸡腿葱　山东省寿光县短葱白类型地方品种,已通过山东省农作物品种审定。植株短粗茁壮,株高90～100 cm,分蘖力弱。叶短粗管状,稍弯,叶面被蜡粉,深绿色。单株有功能叶5～6片,叶肉肥厚,叶尖较钝,叶排列紧密。葱白上部略细,浅绿色;下部较粗大,白色。葱白长25～30 cm,基部粗3.3～6.5 cm,略弯曲,形似鸡腿。单株重250～750 g,最大重1 kg,辛辣味浓,质地细密、紧实、洁白,品质佳,宜熟食及做馅用。定植到收获需要110～140天。耐寒性强。亩产5 000 kg左右。

(51)哈大葱1号　黑龙江省哈尔滨市农业科学研究所育成,1998年通过黑龙江省品种审定。株高100～165 cm。

假茎长 35～40 cm，粗 3.2～3.4 cm。单株重 400 g 左右。叶色深绿，抗倒伏，不分蘖，香辛味浓，耐贮藏。平均亩产 4165 kg。该品种适宜黑龙江省各地春播育苗，夏栽秋收。

四、露地栽培

84.大葱的栽培茬口应如何安排?

大葱适应性强，而且青葱产品收获期不严格，所以可以分期播种，周年生产，均衡供应，尤其在南方地区。但冬贮大葱的栽培季节比较严格，北方一般秋季播种育苗，翌年夏季定植，入冬前收获；南方地区可春播或秋播，春播当年冬季即可收获，但产量较低。

大葱忌连作，也不宜与其他葱蒜类蔬菜重茬，轮作年限为 3～5 年。前茬宜选择小麦、大麦、豌豆等粮食作物，或春甘蓝、春菜花、春莴笋等蔬菜。大葱收获后一般土地冬闲。大葱植株直立，并具一定的耐阴性，可与西瓜、春甘蓝、春莴笋等间作套种。

大葱分为秋育苗和春育苗两种方式。秋育苗，根据各地区的纬度不同，从北纬 36°～46°地区，播种由 8 月下旬到 9 月下旬；春育苗播种为 3 月中旬到下旬，只适于北纬 34°～40°地区。春育苗在早春土壤化冻 15 cm 深时即可进行。秋育苗在半夏黄瓜、半夏甘蓝、早熟茄子、大架番茄等倒茬后进行播种。

大葱的定植期为 5 月上旬至 7 月上旬，收获期为 10 月上旬至 11 月中旬，见表 2。

表 2　大葱的栽培季节

地区	播种期（月/旬）	定植期（月/旬）	收获期（月/旬）	主栽品种
北京	9/中	5～6	10/下	高脚白
济南	9/下	6/下～7/上	11/上	
郑州	9/中～3/中	6/上～6/下	10/上～11/中	章丘大葱
西安	9/中，或 3/中，3/下	6/下～7/上	10/中，10/下	章丘大葱
太原	9/下	6/下～7/上	10/中，10/下	
沈阳	9/上	5/上～6/中	10/上	海洋大葱
长春	8/下～9/上	6/上，6/中	10/中	
哈尔滨	9/上	6/上	10/中	鸡腿葱
乌鲁木齐	8/下～9/上	6/中	10/下	
呼和浩特	9/上	6/中	10/上	

（摘自《蔬菜栽培学》北方本第 2 版）

85. 什么是白露葱？

白露葱是经过育苗移栽，长成大的单株，入冬前收获贮藏，从当年 10 月份到第二年 3 月份，陆续上市，供应期最长的香辛叶菜类蔬菜。

高产优质的大葱，除了选用优良品种外，更重要的是培育适龄壮苗。大葱壮苗的标准为：第一，单株平均重 40 g 以上；第二，苗高 50 cm 左右；第三，葱白长 25 cm 左右；第四，葱白粗 1 cm 左右；第五，管状叶色浓绿，叶片不少于 5～6 片；第六，具有本品种典型性状。

培育适龄壮苗多采用秋播，北纬 40°～43°地区在白露前后播种为宜。播种过早，春天返青后容易抽薹；播种过晚，达不到壮苗标准。在这一地区，白露前后播种已经形成制度，所以把这茬葱苗称为白露葱。

白露葱除了作为栽培大葱的秧苗外，还可以以小葱食用，因其不抽薹，供应期可长达一个月之久。但是不等于白露葱秧苗在哪里栽培都不抽薹。随着地理纬度的变化，播种期也必须随之提早或延迟。

86.什么是二秋子葱、伏葱？

二秋子葱和伏葱都不作为大葱的秧苗，因为越冬前营养体较大，春天抽薹早，只能以嫩叶、假茎和嫩薹为产品，在周年供应中起一定的作用。

二秋子葱是在北纬 40°～43°地区，立秋后白露前播种，越冬时幼苗较大，经历低温的时间长，春天返青后，很快通过春化阶段，再遇到高温长日照，就普遍抽薹了。

伏葱是在 7 月下旬至立秋前播种，正处在温度较高季节，也叫火葱。越冬时幼苗比秋葱还大，春天返青后抽薹比二秋子葱还早，上市期比二秋子葱提早半个月左右。

以上两种葱不但抽薹早，薹的生长也比较快，所以供应期均不超过半个月。

87.什么是春葱？

春葱是春天播种育苗，兼有为栽大葱培育秧苗和以小葱为产品，作为周年供应。因为是春天播种，所以叫春葱。

过去北纬 33°～35°地区栽培大葱进行春育苗，35°以北地区都采用秋育苗的方法，春葱只作为小葱上市。近年利用春育苗栽培大葱已发展到北纬 40°地区。实践证明，春育苗定植时秧苗比较小，但是定植后缓苗快，生长迅速、旺盛，加强田间管理大葱产量可接近秋育苗，甚至不低于秋育苗。

大葱春育苗还有占地时间短，茬口好安排，管理省工，生产成本较低，不抽薹(秋育苗播种期稍早，或苗稍大，难免有部分抽薹)等优点。所以近年春育苗栽培大葱面积在不断扩大。

88.什么是羊角葱?

羊角葱又叫发芽葱。大葱秋天不收获，露地越冬，春天地表刚化冻就开始萌发，从刚长出 1～2 片新叶到发出嫩薹，可随时上市。因刚发芽就上市故叫做发芽葱，又因为刚发出的新叶形似羊角，所以又叫羊角葱。

羊角葱是在春天干大葱供应刚结束，伏葱收获前上市，在周年供应上是不可缺少的一茬产品，所以应采用与秋季收获大葱不同的栽培方式。

发芽葱利用春育苗适当晚栽，小垄密植，靠栽植株数多增加产量。一般行距 30 cm，株距 5～6 cm，每亩栽苗 3.5 万～4 万株。

田间管理和大垄葱基本相同，不同处是行距小，不便于深栽，培土也达不到一定的高度，所以在选择品种时应与栽大垄葱有区别，应选用假茎较短粗的品种，如寿光鸡腿葱、海洋葱、天津鸡腿葱等。

89.什么是倒地葱?

在大葱的周年供应中，从春天开始，首先是羊角葱，接着是伏葱、二秋子葱、白露葱、春葱，春葱最迟到 7 月中旬结束。9 月中旬以后大葱才可陆续上市，7 月中旬到 9 月中旬将近两个月，主要靠倒地葱填补空白。

倒地葱是把白露葱适当提早定植，加强肥水管理，促进迅速生长，从 7 月中旬开始，到 9 月中旬，陆续收获青葱上市，倒下地来播种下茬蔬菜，所以叫倒地葱。

栽培倒地葱有两种方式：一种是垄栽，在 5 月中下旬，上茬速生蔬菜或越冬菠菜等倒地后，深翻细耙，按 30 cm 做垄，把白露葱栽入沟中，沟内施有机肥，灌水培垄，及时中耕培土；7 月中旬以后，根据大葱长势，市场需求和播种下茬蔬菜的需要，收获上市；收获比较早的下茬播种萝卜、大白菜，晚的播种雪里蕻，最晚的可播种越冬菠菜。另一种是插葱，在前茬作物倒地后，做成 1 m 宽的畦，施基肥深翻，耙平畦面，畦内灌足水，站在畦埂上，按 10 cm×10 cm 株行距，把葱秧深插入畦内，缓苗后细致松土，以后加强肥水管理。

☞ 90.如何确定大葱的播种时期?

按照大葱对温度的要求，在北方露地除冬季低温和夏季高温期外，春、秋均可播种育苗。秋播的播期严格，占地时间长。山东、河南、晋南、陕南和冀中南地区多在秋分前后播种，冀北、辽南地区多在白露节，黑龙江、吉林、内蒙古地区多在处暑至白露间播种。各地播期虽有差异，但以幼苗越冬前有 40～50 天的生长期，秧苗具有 2～3 片真叶，株高 10 cm 左右，假茎粗 4 mm 以下为宜。这样既可确保幼苗安全越冬，又可避免或减少翌年先期抽薹。

春播在早春土壤化冻 15 cm 深即可进行，因为播种越早，越可以培育大苗。春播大葱幼苗期短，抽薹可能性小，但产量一般低于秋播。

☞ 91.大葱如何播种育苗?

大葱种子较小，种皮坚厚，种胚也小，吸水能力弱，贮藏养分少，出土较慢，出土后生长较缓慢，苗期较长，所以一般都采用育苗后移栽定植的方法。

(1)种子准备　选用当年的新种子。播种前进行发芽实验，发芽率应在90%以上。每亩播种量为3～4 kg，播种床与定植地块的面积比例为1∶8～1∶10。如果使用隔年陈种子，应该加大用种量。一般干播。如果上茬作物收获晚，或因为其他原因延迟了播种期，可以进行浸种催芽。浸种催芽的同时，可以对种子进行消毒，这样能提高种子的发芽率和出苗率，又可以预防病害。浸种催芽的具体方法是：将种子在清水中浸泡10 min；捞出秕种子和杂质，再将种子放入60℃左右的温水中，浸泡20～30 min，不断搅动，使种子受热均匀；水的温度自然降低；也可以使用0.2%的高锰酸钾溶液浸泡20～30 min，再用清水洗净。使用高锰酸钾是利用其氧化能力杀死种子表面的大部分病菌。

(2)苗床准备　大葱常在露地育苗，苗床宜选择土质疏松，有机质丰富，地势平坦，灌溉方便的沙壤土。每亩地施入腐熟农家肥4 000～5 000 kg、过磷酸钙50 kg，浅耕细耙，整平做畦，畦长8～10 m、宽1.5～1.7 m。苗床面积与栽植大田面积的比例为1∶8～1∶10。

(3)播种方法　有撒播和条播两种，以撒播较普遍。整平畦面，浇足底水，撒少量细土，均匀播种后覆细土1 cm。也可先播种，后浇水。条播的是在畦内按15 cm行距，开2 cm深的浅沟，将种子撒在沟内，耧平畦面，踩实后浇水，也可开沟以后，用细嘴水壶在沟内浇水，播种后耙平畦面。

(4)出苗前后的管理　播种后3天左右，畦面覆土略有干燥并出现裂缝，能站住人时，可用钉耙将畦面耧平耧细，保持上干下湿，上松下实，有利于出苗整齐。

秋播6～8天出齐苗。春播由于温度低，10～20天才能出苗。为了促进出苗，可以在畦面覆盖薄膜，但是在即将出苗时要浇蒙头水，在子叶未伸直之前也要浇水，以免畦面板结。

☞ 92. 大葱苗期如何管理?

苗期管理主要有间苗、除草、中耕、追肥、灌水和病虫害防治等。秋播育苗冬前应控制苗体大小，并应做好越冬防寒工作。

(1)间苗、中耕、除草　间苗一般在春季进行2次，第一次在返青水后进行，撒播的保持苗距2～3 cm；第二次在苗高18～20 cm时，保持苗距6～7 cm。条播的适当缩小苗距。结合间苗和中耕，随时拔除杂草。在每次浇水后或雨后应尽量中耕，以保墒和破除地面板结。

(2)灌水　大葱子叶弓形出土，顶土能力弱，且根系浅、吸收能力差，应加强苗期水肥管理。出苗阶段应保持畦面湿润。幼苗生长期间，春播苗应少浇水，以利提高地温，促进根系生长；秋播苗冬前也应少浇水，以防幼苗徒长和冬前幼苗过大。土壤开始结冰时及时浇足冻水。返青后，日平均温度达到13℃时浇返青水。"谷雨"前，结合间苗浇水。随着气温回升和葱苗生长加快，增加浇水次数和浇水量。定植前10天停止浇水，以加强幼苗锻炼。定植前1～2天浇水润畦，以利定植起苗。

(3)追肥　苗期追肥一般结合灌水进行。秋播育苗的，越冬前应控制水肥，结合灌冻水追肥，越冬期间结合保温防寒可覆盖粪土。从返青到定植，结合灌水追肥2～3次，每次每亩施尿素10～15 kg。

93.大葱怎样定植?

(1)定植时期　大葱的产量与定植时期有密切的关系。在一定范围内,早定植增产显著。确定大葱的定植期,首先要根据当地的气候条件,保证定植后至收获有130天的时间。定植适宜的苗态是株高30～40 cm,假茎粗1～1.5 cm。适宜的时期一般为"芒种"至"小暑"(6月上旬至7月上旬)。定植过早,秧苗小,生长缓慢;定植过晚,秧苗徒长,易倒伏。缓苗期时逢高温多雨,葱沟易积水,引起沤根死秧,应注意及时排除积水。

(2)整地做畦　整地前清理前作物的枯枝落叶和杂草,每亩地施入腐熟农家肥2 500～5 000 kg,然后耕翻,整平,再按预定行距开定植沟,沟内再集中施入优质有机肥2 500～5 000 kg,并将沟底刨松,以备定植。栽植沟为南北向,这样可使大葱受光均匀,并可以减轻秋、冬季的北向强风造成的大葱倒伏。大葱的行(沟)距因品种和产品标准而定。短葱白品种适于窄行浅沟,长葱白品种适于宽行深沟。一般,开沟深度主要取决于葱白长度,而行距主要取决于葱白长度和培土高度。葱白长度等于开沟深度+培土高度+1/4葱白长度。适宜的行距为1.5倍葱白长度。

(3)起苗分级　定植前选苗分级,淘汰病、弱、伤残苗后分成大、中、小三级,分别栽植。大葱有湿栽法和干栽法两种。湿栽法是先在栽植沟灌水,然后用手食指或葱杈按株距将葱秧根插入泥土内。葱叉子用40 cm长、直径1.5 cm的树枝条,剥去皮后削光滑制成(图11)。干栽法是先将秧苗靠在沟壁一侧,按要求株距摆好,然后覆土盖根,踩实,灌水。

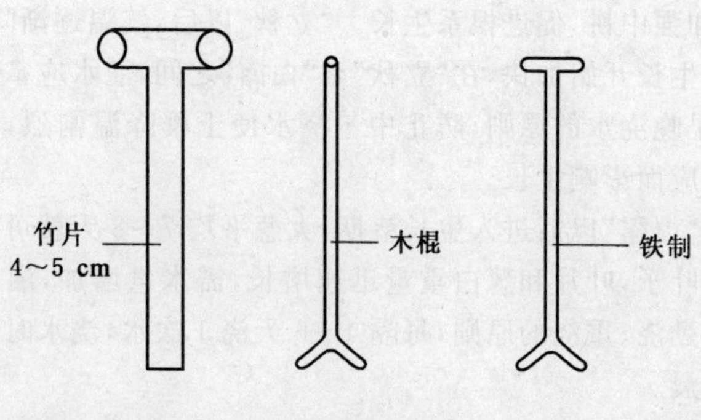

图 11　葱叉子

(4)定植深度　不超过叶分叉处，正如农谚所说“韭菜露根，大葱露心”。当葱苗的假茎高度不一致时，要掌握“上齐下不齐”的原则，以 7～10 cm 为宜。如果栽植过深，埋没葱心(出叶口)，轻则不发苗，重则死苗；若栽植过浅，植株容易倒伏，长成弯弯葱，尤其是干栽灌水后倒苗严重。

(5)定植密度　大葱株型直立，合理密植是丰产的重要措施。一般，株距 4～6 cm，长葱白型大葱每亩栽植 1.8 万～2.0 万株，短葱白型品种栽植 2.0 万～3.0 万株，用葱秧 250～300 kg。大苗则可栽种略稀，小苗适当密植(彩图 09)。

☞ 94. 定植后的大葱如何进行田间管理?

田间管理的中心是促根、壮棵和促进葱白形成，具体措施是培土软化和加强肥水管理。

(1)灌水　定植后进入炎夏季节，地上部和根系生理机能减弱，缓苗缓慢，植株处于半休眠状态。此时管理的中心是促根，应控制浇水，雨后排水防涝，以防烂根、黄叶和死苗;加强中耕,促进根系生长。“立秋”以后,气温逐渐降低,植株生长开始加快,在“立秋”至“白露”之间,灌水应掌握轻浇、早晚浇水的原则,防止中午浇水使土壤降温剧烈,根系不适应而影响生长。

“白露”以后进入生长盛期,大葱平均 7～8 天就可长出一片叶子,叶片和葱白重量迅速增长,需水量增加,灌水应掌握勤浇、重浇的原则,每隔 4～6 天浇 1 次水,浇水时间宜在早晨。

“霜降”以后气温下降,大葱基本长成,管状叶叶面积的增长已经趋于顶峰,并开始缓和。随着昼夜温差的加大,叶身的同化物向葱白的运输加快,进入假茎充实期。此期植株生长缓慢,需水量减少,但要保持土壤湿润,以免缺水引起叶身松软,葱白松散,产量降低。收获前 5～7 天停止浇水,以利收获和贮藏。

水分充足则叶色深,蜡粉厚,叶内充满无色透明的黏液,葱白也显得洁白有光泽,平白细致,即使经过几次重霜葱叶也不会太垂萎。反之,浇水不足,则叶身黄瘦,产量、质量也随之降低。

(2)追肥　在施足基肥的基础上还应分期追肥。在“立秋”以后,植株生长开始加快时,追施“攻叶肥”,每亩施入腐熟农家肥 1 500～2 000 kg、过磷酸钙 20～25 kg,促进叶部增长。白露节后进入葱白生长盛期,应结合浇水追施“攻棵肥”2 次,每次每亩地施尿素 15～20 kg、硫酸钾 10～15 kg;追肥撒于行间,浅中耕后浇水。

(3)培土　大葱假茎的叶鞘细胞伸长要求黑暗与湿润的环境,并以营养物质的输入和积累为基础。所以,分期培土是防止倒伏、软化叶鞘、延长葱白长度,提高葱白产量和品质的重要措施。培土越高,葱白越长,色泽洁白,组织充实。

培土应在进入生长旺盛期，气候和地温转凉后进行。从“立秋”到收获前，一般培土 3～4 次。前两次结合中耕，将垄土壅入葱沟内，处暑前后将沟填平；以后培土使原来的垄背成沟，葱沟变成垄背（图 12）。大葱每次培土高度，应根据假茎生长高度而定，一般 3～4 cm，将土培到最上叶片的出叶口处，切不可埋没心叶，以防叶片腐烂。

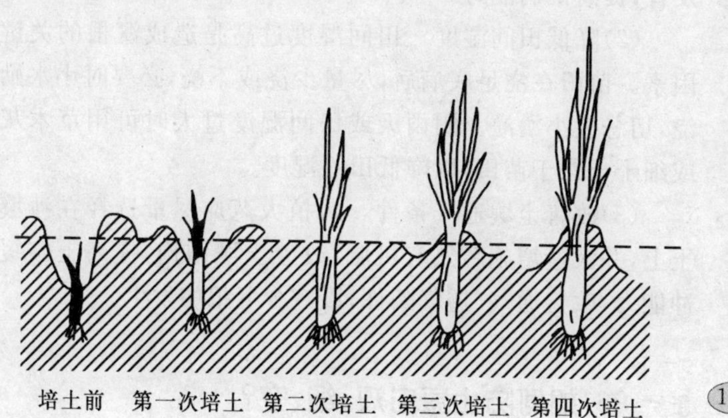

图 12　大葱分期培土示意图

培土时应注意以下几点：第一，取土宽度不能超过行距的 1/3 和定植沟深的 1/2，以防损伤根系；第二，培土后要拍实葱垄两肩的土，防止浇水后引起塌落；第三，培土应在土壤水分适宜时进行，过湿则易形成泥浆，过干则土面板结，都不利于田间操作；第四，培土应在下午进行，避免在早晨露水大、湿度大时培土，因为假茎叶片在湿度过大时容易折断而造成腐烂；第五，培土时要避免叶片折断或造成伤口引起腐烂。

☞ 95.怎样防治大葱沤根?

沤根是蔬菜育苗的常见问题之一,对大葱来说成株期也同样常有发生。稳定地温、降低田间湿度、改善土壤通气条件可以防治大葱沤根。

(1)稳定地温　提高苗田温度达 20℃以上,促进壮苗发育,提高抗病能力。

(2)降低田间湿度　田间湿度过高是造成沤根的关键因素。苗田在浇足底墒后,尽量少浇或不浇,必要时小水勤浇,切忌大小漫灌。阴雨天或田间湿度过大时可用草木灰或细干土撒于苗田,以降低田间湿度。

(3)改善土壤通气条件　栽植大葱应尽量选择在沙壤土上,并大量增施腐熟有机肥,改善土壤结构,提高土壤缓冲能力,改善通气、透气条件,以减少沤根的发生。

☞ 96.如何防止葱白短、细、空?

生产中由于多种因素使得葱白短、细、空,从而降低了大葱的产量和品质。要防止葱白的短、细、空,要注意以下几个问题:

①大葱分为长白和短白两种类型,葱白长短与品种有关。在生产中应使用长白品种,如章丘大葱、谷葱等。

②选择土层深厚,土质肥沃,排水良好的地块,并要深耕细耙,一般深耕 30 cm 以上。挖深 20～30 cm、宽 15～30 cm、沟距 70～80 cm 宽的垄,以便培土。栽前开沟施肥,亩施粗肥 1 000～5 000 kg,然后再深松垄沟,使粪土结合。

③在芒种至小暑之间定植,宜早不宜迟。定植过晚,葱白的形成期短,则葱白短、细,产量低,同时秧苗易徒长,栽

后天气炎热不易缓苗。

④栽葱时要深栽浅埋，以便以后分期培土。一般株距 1 cm，埋土 8 cm 左右，以不埋住葱秧心叶为准。栽前对葱秧要加以选择，选用茎粗 1 cm 左右、3～4 片叶、30～40 cm 高、没有病虫害的秧苗。

⑤加强栽培管理。定植后到立秋前为缓苗越夏期，处于半休眠状态，应加强中耕保墒，促进根系发育，天不过旱不浇水。立秋后到白露前，植株进入发叶盛期，约在 8 月下旬至 9 月下旬要加强肥水管理，亩施 15 kg 尿素，追肥后要及时埋土、培土、灌水。白露节后进入葱白生长期，施肥以速效氮肥为主，浇水应勤浇、重浇，经常保持土壤湿润，以满足葱白生长需要。

⑥结合中耕进行培土。雨季来临前要把垄沟稍培出垄台，以防栽植沟中积水引起根茎腐烂。立秋后 10～15 天培 1 次土。培土是增加葱白长度的有效措施，共培 3～4 次。第一次要浅培，以提高地温；后两次多培土；特别是最后一次要尽量高培，但不能超过心叶。

⑦适时收获。心叶停止生长，土壤上冻前 15～20 天为收获适期。收获过晚葱白内贮藏的养分向下转移，葱白上部失水发软；为了抢市场提前收获时，会因绿叶中营养物质还没有转移到葱白中，经晾晒后大部分葱白会发空。

97.大葱怎样提纯复壮?

大葱是异花授粉植物，利用种子繁殖。采种过程中，难免出现生物学混杂和机械混杂，一旦忽视了选种留种和繁种期间的隔离，品种就会退化，产量质量受到影响。

为保持大葱优良品种的种性，必须进行提纯复壮。

提纯复壮是以纯为前提，但纯是相对的，在生物界中没有完全的纯。在生产上对品种纯不纯，往往只看到经济性状相近，产量稳定，种子能连年使用，即认为品种纯度较高。其实异花授粉作物品种的纯度是相对的，只能是品种的典型性。群体内基本性状保持一致性和稳定性，也就是相对的纯，对生产有利，便于统一技术管理，而个体间异质性，具有较大的抗逆性、适应性和丰产性。

提纯复壮的方法是在收获时，选择最具有产品器官的典型性状，从中挑选出优良种株，单独贮藏。在栽种株时，从葱白基部以上 25 cm 处横切，观察剖面，鉴别是否有分蘖，有分蘖的要淘汰。进入观蕾期，观察花梗高矮、花苞形态、管状叶的长宽薄厚、叶色、叶展、有无病毒等。但必须要在总苞尚未破裂之前进行选择，把不符合要求的种株剔除。经过提纯复壮的种株采下来的种子，在育苗期间仍然需要进行观察，继续淘汰不符合要求的苗株。在定植时还要再进行一次选择，不符合要求的秧苗不要定植。

98. 大葱如何进行良种繁育？

大葱种子繁殖方法有大株留种和小株留种两种。大株留种种性较纯，但产量较低；小株留种产量较高，但种性易变。所以不能采用年年小株留种的方法，而必须用大株留种与小株留种相结合的方法，即每年要用大株留种的种子进行小株制种，小株留种的种子供大田生产应用。

(1)大株留种　大葱大株留种应在收获时，按品种特征在田间进行单株选择，挑选葱白粗而长大，生长充实，叶片着生紧密，直立向上，叶色深绿，叶数 5 片以上、无分蘖、无病虫害的植株作为种株。

种株定植有冬栽与春栽两种。冬栽有利于根系发育，种株健壮，种子产量高，每亩可收葱籽 80～100 kg。种株选好后稍加晾晒，切去上半部，留葱白 20 cm 左右，开沟栽植。沟距 45～65 cm，沟深 25 cm 左右，沟内施底肥，肥土混合均匀，再按 10～15 cm 的株距栽植。栽植深度以露出葱心为宜，栽后覆盖粪土越冬。

春栽在土壤解冻后进行。因生育期短，一般种子产量较低，每亩一般可收葱籽 54～80 kg。将选好的种株贮藏过冬，栽植时切去上部，晒几天，栽植于沟中；栽后 7～8 天扎根后再浇水。

大葱是两性花，容易杂交串花，引起种性退化，所以不同品种的留种田块应相隔 1 000 m 以上。种株抽薹时，结合浇水进行追肥。粪肥中可增加过磷酸钙，以促进根叶生长。花蕾膨大时培土防倒伏。种株侧芽抽生的花薹要即时摘除，以保证主薹上种子质量饱满。开花结籽时要保持土壤湿润。种子成熟时要减少浇水，促进种子成熟。大葱种子成熟不一致，待花球下部种子呈黑色时，为采收适期；可分批采收。采下的花球晾晒 4～5 天即可脱粒。脱粒后的种子进行风选或筛选，除去秕籽，放在干燥处贮藏。

(2)小株留种　将大株留种所得的种子，在 7 月底 8 月初播种，每亩播种 2～2.6 kg。播后搭棚遮荫。苗期 60 天左右，起苗定植。起苗后按秧苗大小分级，剔除病苗、弱苗。定植前按 90 cm 开沟，沟宽 15 cm 左右；沟内施基肥；靠沟两边种双行，株距 6～7 cm，每亩栽植 2 万株。定植后加强肥水管理，使越冬时苗有四叶一心；通过春化阶段，可与大株留种同时抽薹开花，开花后的管理同大株留种。每亩可收种子 100～137 kg。

99. 大葱如何收获?

大葱的收获时期以地区、栽植季节和市场供应方式而定。

叶片和假茎同时食用的大葱,在管状叶生长达到顶峰时,是大葱的产量高峰,也是收获的适宜时期。一般,秋苗早栽的,以鲜葱供应市场,收获期在9～10月份;春苗栽植的,鲜葱供应在10月上旬收获。

作为贮藏用的干葱,在贮藏过程中,叶片逐渐萎蔫,养分转移到假茎中,最后叶片全部干缩,只剩下假茎,虽然干物质损失不是很严重,但是重量的下降十分明显。所以冬季贮藏的干葱不宜在大葱产量高峰期收获。晚霜以后,土地封冻前收获,经过降温和霜冻,葱叶已经变黄枯萎,水分减少,叶肉变薄下垂,养分大部分输送到假茎中,假茎变得充实,此时才是冬贮干葱的收获期,应该及时收获。收获过早,心叶还在生长,葱白不充实,容易空心,不耐藏;晚收,假茎易失水而松软,影响葱白产量和品质,并且容易遭受冻害而引起腐烂。

收获时,用大叉从葱垄一侧下挖至葱白基部须根处,将土劈向外侧,用手轻拔取出大葱,抖净泥土,平摊在地面上适当晾晒。收获时,切忌猛拉猛拔,损伤假茎,拉断茎盘或断根会降低商品葱的质量和耐贮藏性。“立冬”前收获时,要避开早晨霜冻,因叶片遇霜冻后,挺直脆硬,一触即断,而叶片折断后,贮藏时水分损失严重,并易染病霉烂。遇到这种情况,可以暂缓收获,等到白天气温上升,葱叶解冻时再收获。

冬葱每亩产量4 000～5 000 kg。

☞ 100.大葱怎样贮藏?

大葱是冬季最耐贮藏的蔬菜。除了用恒温库贮藏外，一般都利用自然条件贮藏。只要创造一个冷凉、干燥、通风的环境，大葱就能安全越冬，并随时供应市场需要。

大葱贮藏管理的特点是"耐冻不耐动"，大葱可以耐－40～－30℃的低温。低温下，大葱细胞间隙的水分结冰，气温缓慢上升时，冰晶融化，大葱仍然可以恢复到原来的状态。但是，如果此时任意搬动，大葱细胞间隙的冰晶向细胞施加压力而使细胞破裂，导致细胞原生质机械损害而死亡。气温回升后，葱白汁液外溢而软腐变质，失去了食用价值。需要食用冻结的大葱时，应先把大葱轻放于阴凉处，逐渐提高温度，让冻结的大葱自然缓慢地解冻，就可恢复大葱原来的品质。

大葱喜低温、干燥的环境。大葱贮藏期间以温度0℃、空气相对湿度80％为宜。温度高，大葱容易出水，表皮出现黏膜状离层，易腐烂；温度低于－4℃时大葱开始受冻。大葱贮藏期间应该适当通风，散发热量。

民间贮藏大葱的方法很多，经调查整理，分述如下。

(1)沟贮法　大葱收获后，就地晾晒数小时，除去根上的泥土，剔除病、伤株，捆成10 kg左右的捆(彩图10)，于通风良好的地方堆放6天左右，使大葱外表水分完全阴干。选择背阴通风处挖沟，沟深33 cm左右，宽1.5 m左右，长度以贮量而定，沟距50～70 cm。若沟底湿度小，可浇1次透水。待水全部下渗后，把葱一捆挨一捆地排放在贮葱沟内，使后一捆葱的叶子盖于前捆葱的上部，最好再用30～35 cm长的玉米秆靠葱捆周围插1圈，以利于通风散热，然后用土埋严葱白部分。此后,在严寒到来之前,用草帘或玉米秆稍加覆盖即可。这样可以贮藏到翌年 3 月。

(2)埋贮法　按上述方法经晾晒、挑选、捆把的大葱放在背阴的墙角或冷凉室内,底面铺 1 层湿土,葱的四周用湿土培埋至葱叶处即可。若在室外埋藏,严寒来临前可加盖草苫防冻。此方法原理与沟贮法相同,但不须挖沟,室内室外均可采用。

(3)干贮法　将适期收获的大葱晾晒 2～3 天,抖落根上的泥土,剔除病、伤株,待七成干时,扎成 1 kg 左右的葱把,根向下一把挨一把地排放在干燥通风处。在贮藏期间注意防热与防潮。此方法适宜于家庭贮藏。

(4)架贮法　用竹竿或其他架材搭成 2～3 m 高的贮藏架,50 cm 一层,每架 4～6 层。将经过晾晒选好的大葱,捆成 5 kg 左右的葱捆,单层摆放在贮藏架上。若是堆放,通常在垛堆中间插放一捆玉米秆作为通风口,以利通风透气,避免腐烂变质。此法通风好,占地少,但失水损耗多,还需要用一定的架材。

(5)空心垛藏法　在地势高、平坦、排水方便的地方架仓棚,或在露地用土垫垛基 30～40 cm 高,把经过贮前处理捆好的大葱,根向外叶向内垛成空心垛。为保持稳定不倒塌,每 70～80 cm 高时,可横竖相间放几根小竹竿,一直垛到 2～3 m 高。垛顶覆盖苇席或草苫,防止雨淋造成腐烂变质。

(6)假植贮藏　在院内或地里挖 1 个浅平地坑,将立冬后收获的大葱,除去伤、病株,捆成小捆,假植在坑内,用土埋住葱根和葱白部分。因为埋住葱叶会影响葱的呼吸作用。埋好后用大水浇灌,增加土壤湿度,促进萌发新根,减缓葱叶干枯,延长保鲜时间。此法一般适宜于农户贮藏。

(7)冻贮法　大葱收获后，晾晒几日，待叶子萎蔫，剔除伤、病株，抖掉泥土，捆成小捆，放在空房或室外温度变化小、阴凉、干燥的地方，不加任何保温设施任其自然冷冻。至严冬，贮藏的大葱全部冻结，待天气转暖时，大葱即可自然解冻。农谚说："不怕冻，就怕动。"大葱在结冻期间切勿搬动，否则回冻后易引起腐烂。

(8)露地越冬贮藏　种植的大葱到了收获季节而不收获，在土地结冻之前，对大葱垄进行高培土厚培土，此后即可根据需要随时挖出上市。任何时候售出的都是鲜葱。此法适宜于菜农采用。

(9)短期保鲜法　在阴凉靠墙的地方挖一个 20 cm 深的平底坑，坑底铺 0.3 cm 深的沙子，坑的四周用砖围住，坑的大小根据贮量而定。大葱收获后(或买来后)，先在坑内浇灌 6～7 cm 深的水，待水渗下，立即将大葱放入池内，每隔 3～4 天从池的四角向内浇些水，这样可保鲜 1 个月左右，叶子不变黄，不干。

101. 大葱种子贮藏时应注意哪些问题?

大葱种子在常温条件下贮存即可。从采收开始，种子生活力逐渐降低，特别是在环境湿度大和种子含水量高时，种子内胚乳中的淀粉含量消耗很快，这是种子生活力受影响的主要原因。

贮存大葱种子的条件，首先是干燥，其次是低温。温度越高越需要干燥。湿度比温度的影响大。种子含水量在 8%上下，贮存库温度 0℃以上，相对湿度不高于 50%，是长期安全的贮存环境。另外，还需要在黑暗密闭条件下，并及时灭虫、灭鼠、灭菌。

在常温下贮存大葱种子，先进行晾晒，使种子含水量降到10%。然后用大缸贮放，上面盖两层牛皮纸，纸上铺一层石灰，缸口用塑料薄膜封严。这样可以保持较高的发芽率。

五、保护地栽培

102.温室囤葱应注意哪些问题?

北方冬季只靠贮藏的干大葱假茎供应市场，4～5个月的漫长期间都见不到绿色鲜嫩的叶片。随着日光温室的发展，冬季蔬菜栽培品种的增加，囤栽青葱也有一定的发展。

大葱适应性强，高度抗寒，－10℃不受冻害，20～25℃是植株生长的适宜温度。所以利用日光温室囤栽大葱，即使保温性能较差，大葱也只会生长缓慢或停止生长，不会受到损失。

一般利用日光温室或加温温室靠近温室前沿的边畦及走道、火道等地边囤葱。这些地方比较低矮，温度变化剧烈，或者光照条件比较差，其他蔬菜生长不好，但可以囤栽秋季露地栽培中生长较差的大葱，以鲜葱供应“元旦”和“春节”市场的需要。

囤栽前做成1 m宽的高埂低畦，切齐畦埂，耙平畦面。选择假茎短、植株细小、商品价值低的干葱，一株挨一株挤紧，上面覆盖细沙，把空隙填满，用喷壶喷少量水，使细沙下沉。几天以后，基部发出新根，新叶开始生长时浇水1次。

以后浇水量的大小，浇水次数，根据天气情况和植株生长势而定。晴天，光照充足，温度较高，土壤蒸发量大时，浇水量可以稍大；阴雪天，温度较低时，不宜浇水。

囤青葱的收获期根据市场需要和植株长势而定。当植株发出2～3片绿叶，市场价格好即可收获上市。收获时从一端开始，拔下植株，抖掉细沙，5～6株捆成一把即可销售。

囤青葱不需要施肥，完全靠假茎贮存的养分长出新叶；增加的产量部分，主要是植株吸收的水分。产量的提高虽然不是很多，但是售价却比干葱高。而且囤葱是选用商品价值低的干葱，所以经济效益还是很可观的。

除利用温室囤青葱以外，有的菜农还创造性的利用温室走道处生产葱黄。方法是沿走道挖60～70 cm深的土槽，槽内囤葱，槽上盖木板走人，管理方法和囤青葱一样。槽内为无光栽培，长出来的鲜葱便是葱黄。

103.如何进行阳畦囤葱?

利用分苗阳畦在尚未移入所要分的苗的空闲时间，生产一茬鲜葱，随时拔收上市。

栽培方法与温室囤葱基本相同。将选出的大葱栽在阳畦里，填细沙，浇水。覆盖塑料薄膜以提高畦温，晚盖以保温。早揭以充分利用太阳光能；等到大葱发出新叶后，适当放风；随着气温的上升，逐渐加大放风量。一般在囤葱后30天左右，即可长成，供应市场。

六、大葱的病虫害防治

104. 如何防治大葱的霜霉病?

大葱霜霉病是大葱的一种十分常见的病害。在阴凉潮湿的条件下易发生。大葱霜霉病主要为害叶及花梗。花梗上初生黄白色或乳黄色较大侵染斑,纺锤形或椭圆形,其上产生白霉,后期变为淡黄色或暗紫色。中下部叶片染病,病部以上渐干枯下垂。假茎染病多破裂,弯曲。鳞茎染病,可引致系统性侵染。这类病株矮缩,叶片畸形或扭曲,湿度大时,表面长出大量白霉。

防治方法:

①选择地势高、易排水的地块种植,并与葱类以外的作物实行 2~3 年轮作。

②选用抗病品种。一般红皮、黄皮品种较抗病,如掖辐 1 号等。

③用种子重量 0.3%的 35%雷多米尔拌种,或用 50℃温水浸种 25 min,再浸入冷水中,捞出晾干后播种。

④收获时清理病残株,带出田外深埋或烧毁。

⑤发病初期喷洒 90%三乙膦酸铝可湿性粉剂 400~500 倍液,或 75%百菌清可湿性粉剂 600 倍液、50%甲霜铜可湿性粉剂 800~1 000 倍液、64%杀毒矾可湿性粉剂 600 倍液。

105. 如何防治大葱的锈病?

逢阴雾天气易发病为害症状葱锈病主要为害叶片和花

梗。发病初期在叶片和花梗表面产生黄色小斑点，为椭圆形或纺锤形，扩大后斑点隆起，周围具有黄色晕圈。后期，病斑上的夏孢子堆形成黑褐色隆起，破裂时散出黄褐色粉末（病原孢子），借风雨传播，导致再感染，发病严重时，可使叶片枯黄。

防治方法：见韭菜锈病防治。

☞ 106. 如何防治大葱的紫斑病？

紫斑病又称黑斑病，在高温潮湿条件下发病普遍。主要为害叶和花梗。发病初期呈水渍状白色小点，后变淡褐色圆形或纺锤形稍凹陷斑，有同心轮纹，呈紫色并覆有霉状物。染病处变软易折，重者叶子枯死（彩图 11）。

防治方法：

①及时清除田间病残体，与非葱类蔬菜实行 1～2 年轮作。

②加强田间管理，选择地势高燥、排水良好的地块进行栽培，合理施肥，雨后做好排水工作，使植株生长健壮，增抗病能力。

③及时防治葱蓟马，以免造成伤口。

④采取无病田留种或使用无病苗。进行种子消毒，可用 40％甲醛 300 倍液浸种 3 h，浸后及时洗净。鳞茎消毒可用 45℃左右温水浸泡 1.5 h。

⑤发病初期应用 75％百菌清可湿性粉剂 500～600 倍液，或 70％代森锰锌可湿性粉剂 500 倍液，或 64％杀毒矾可湿性粉剂 500 倍液，或 40％乙膦铝可湿性粉剂，或 50％扑海因可湿性粉剂 1 500 倍液，或葱菌净 300～500 倍液，或 58％瑞毒霉锰锌可湿性粉剂 500 倍液进行喷雾或灌根，

5～7 天 1 次，连喷 3～4 次。

107. 如何防治大葱的菌核病？

菌核病主要为害叶片和花梗，初仅叶或花梗先端变色，逐渐向下扩展，致葱株局部或全部枯死，仅残留新叶。剥开病叶，里面产生白色棉絮状气生菌丝，病部表皮下散生黄褐色或黑色小菌核，大小 0.5～7 mm。

防治方法：见韭菜菌核病防治方法。

108. 如何防治大葱的黄矮病？

大葱黄矮病又称大葱病毒病。大葱从苗期到成株均可得此病。得病株生长受阻，病叶生长停滞，叶片凸凹不平，皱缩扭曲，叶变细，叶尖逐渐黄化，叶片上有时产生长短不一的黄白色条斑或黄绿色斑驳。重病株严重矮化，叶扭曲变小、扁平，生长停止，蜡质减少，叶下垂变黄，严重者则全株萎缩枯死。

防治方法：

①栽葱前除去田间杂草，剔除病苗，适时追肥浇水并注意不和其他葱类作物邻作。

②及时防除蚜虫和蓟马，选用 10％百虫畏 800 倍液，或 40％氧化乐果 1 000 倍液，或 50％甲胺磷 1 000 倍液混合喷用。

③增施有机肥，适时追肥，喷施植物生长调节剂，增强抗病力。

④发病初期喷洒 1.5％植病灵乳剂 800 倍液，或 20％病毒 A 可湿性粉剂 500 倍液，或用小叶敌乳剂 300 倍液加绿风九五 500 倍液，喷施，隔 5～7 天 1 次，防治 2～3 次。

☞ 109. 如何防治大葱的软腐病?

大葱细菌性软腐病有逐年上升趋势。一般先从茎基由下向上扩展,初侵染呈水渍状长形斑点,后产生半透明状灰白色病斑,接着叶鞘基部软化腐烂,致叶片折倒,病斑向下扩展。假茎部染病初呈水浸状,后内部开始腐烂,散发出细菌病害所特有的恶臭味。

防治方法:

①增施有机肥,培育壮苗,勤中耕,浅浇水,增施磷钾肥,防止氮肥过多。

②与非葱蒜类蔬菜实行 2～3 年轮作。

③及时防治地下害虫和地上害虫,及时防治葱蓟马等害虫,减少伤口侵染。

④发病初期选用 0.015%～0.020%硫酸链霉素液,或 0.02%～0.04%农用链霉素,或 45%代森铵水剂 700 倍液,或 50%琥胶酸铜 500 倍液,或 77%可杀得微粒可湿性粉剂 500 倍液,或 30%DT 杀菌剂 500 倍液,或新植霉素 4 000 倍液,喷施,连喷 2～3 次。

☞ 110. 如何防治大葱的黑斑病?

在阴湿地区易发病。初在叶上生淡褐色椭圆形、纺锤形病斑,与健部分界明显;后期病斑略凹陷,呈暗紫色,有同心轮纹,上生煤烟状的粉末;被害部软化易折。

防治方法:可用 75%百菌清可湿性粉剂 600 倍液,或 50%扑海因可湿性粉剂 1 500 倍液,或 70%乙磷锰锌可湿性粉剂 500 倍液,隔 10 天喷 1 次,连喷 2～3 次。

111.如何防治大葱的炭疽病?

为害叶、花茎和假茎。叶初侵染呈近纺锤形、梭形至不规则斑点,淡灰褐色至褐色,斑上生许多黑色小点,即病菌分生孢子盘,严重时引起上部叶片枯死。病原属半知菌亚门毛盘孢属真菌葱刺盘孢菌,以子座或分生孢子盘或菌丝体随病残体在土壤中染病的假茎上越冬,靠雨水飞溅传播。多雨年份、长期阴雨连绵、排水不良的低洼地发病较重。

防治方法:

①实行轮作,选用抗病品种。

②雨季注意排水。

③及时清除病残体,并集中烧毁。

④生长期间,在雨季前或发病初期,可用药剂防治,如70%甲基托布津可湿性粉剂 1 000 倍液,75%百菌清可湿性粉剂 600 倍液,50%炭疽福美可湿性粉剂 500 倍液,1∶1∶240 的波尔多液。各种药剂轮换使用。

112.如何防治大葱的褐斑病?

大葱褐斑病又称叶尖黄萎病,主要为害叶片。叶片染病易从上部开始,初为水浸状黄褐斑点,继而生成梭形病斑,一般长 10～30 mm,宽 3～6 mm;斑中部灰褐色,边缘褐色;斑面上易产生黑色小点,即子囊壳;严重时,几大病斑融合,导致叶片局部干枯。

防治方法:

①选用高脚白、三叶齐、鸡腿葱、章丘大葱等耐热品种。

②加强管理,雨后及时排水,防止葱田过湿,提高根系活致力,增强抗病力。

③发病初期喷洒50%速可灵可湿性粉剂，或扑海因可湿性粉剂1 000倍液，或50%多菌灵可湿性粉剂800倍液，或70%甲基托布津可湿性粉剂1 000倍液加75%百菌清可湿性粉剂800倍液，每7～10天喷施1次，连喷2～3次。

113. 葱线虫病应如何防治?

以幼虫寄生于大葱根部，严重为害时造成根部腐烂，使整个植株变黄腐烂。引起葱线虫病的有：葱头茎线虫，蛀食地下假茎及根茎；甘薯茎线虫，为害地下假茎及根茎部分，使其肿胀、破裂或腐烂；根腐线虫，为害根茎或假茎，呈现根部腐烂或植株无须根症状。

防治方法：采用30%米乐尔处理土壤，亩用3～4 kg，或用50%辛硫磷500倍液喷淋、灌根，均能有效地控制其为害。

114. 大葱的葱斑潜蝇应如何防治?

斑潜蝇是为害大葱叶的主要害虫。以幼虫蛀入叶片内，蛀食二层表皮内叶肉组织，呈曲线状或乱麻状隧道，破坏叶的绿色组织，严重影响大葱生长。

防治方法：见韭菜葱斑潜蝇。

115. 怎样防治葱蓟马?

见韭菜葱蓟马。

116. 怎样防治红蜘蛛?

红蜘蛛的成虫和幼虫为害大葱的根茎部，被害后植株枯死。红蜘蛛除为害大葱外，还会为害葱、薤以及其他根茎类蔬菜。

红蜘蛛在寄生部位及土中越冬，4月份开始活动，至秋季共可发生10个世代以上，夏季10天左右一个世代。繁殖力很强，一头雌虫可产卵600粒左右。一个世代一般只经过卵、幼虫、若虫3个阶段，以成虫越冬。适宜发生的温度为20～25℃，所以初夏和初秋发生最盛，盛夏时发生较少。连作地发生严重。

防治方法：

①实行轮作，除避免葱蒜类蔬菜的连作外，还不能与其他根茎类蔬菜连作。

②清洁田园。

③药剂防治，除乐果、马拉松外，还可喷洒25％喹硫磷1 000～1 500倍液，15％哒嗪酮1 000～2 000倍液，20％速螨酮600倍液，73％克螨特1 000～2 000倍液，或5％尼索朗2 000倍液。

117.如何防治斜纹夜蛾?

斜纹夜蛾啃食叶片并钻蛀入大葱。一般在下半年为害较重。蛾子灰褐色，前翅中部有一条白色斜纹；雌蛾在斜纹中有两条褐色线纹，雄蛾不显著；后翅白色，有灰紫色反光。卵馒头形，初黄白色，近孵化时紫黑色。幼虫体色变化较大，一般黑褐色及暗绿色，体上有5条彩色线纹，两侧各有一个近半月形黑斑。蛹黑褐色。

防治方法：

①用黑光灯或糖醋诱杀成虫。

②摘除卵块。

③可用90%敌百虫1 000倍液，或25%杀虫双500倍液，或2.5%溴氰菊酯6 000～8 000倍液，或20%杀灭菊酯6 000～8 000倍液，或40%乙酰甲胺磷1 000倍液喷雾防治。防治夜蛾的喷药时间，在傍晚或黄昏时防效好。

洋　葱

一、概　述

☞ 118.洋葱的原产地在哪里？

洋葱又名圆葱、葱头，百合科葱属蔬菜，为2年生草本植物，原产中亚和地中海沿岸。洋葱的原产地属于大陆性气候区，当地气候变化剧烈，空气干燥，而且土壤湿度有明显的季节变化，所以在系统发育过程中，洋葱为了适应这一特定环境，在形态上发生了相应的变化——短缩的茎盘、喜湿的根系、耐旱的叶形、具有贮藏功能的鳞茎。同时在生理上也产生了一定的适应性，例如，洋葱在营养生长时期要求凉爽的气温，中等强度的光照，疏松、肥沃、保水力强的土壤，较低的空气湿度，较高的土壤湿度；不耐高温、强光、干旱和贫瘠；高温长日照时进入休眠期。

☞ 119.我国洋葱的栽培现状如何？

洋葱在我国栽培已有100年的历史，现今各地均有栽培，而且种植面积不断扩大。目前，我国洋葱产区从大格局上看山东已成为主产区，约占全国市场60％以上，此区的销售优势期在6～8月间；西北、东北产区的销售优势期在9月至翌年2月间；云南、福建产区的销售优势期在2～4月间。

东北地区1990年之前一直种植着“熊岳圆葱”、“齐齐哈尔紫皮”等中日型品种。1990年以后才引进日本北海道的长日高温高湿生态型品种，并推广种植。近年随着沿海地区出口贸易的发展，山东地区的洋葱生产，在品种、栽培技术、包装及流通等各方面得到了异常的发展。以山东为中心的种植面积已经突破10万 hm^2，其产量已占我国葱头总产的60%以上，直接左右着国内的葱头市场销售价格。其主栽品种有“泉州黄”、“锦球”、“滨育”等常规品种及“大宝”、“红叶3号”等杂交一代品种。福建、云南的主栽品种也更新为日本的品种。新疆、甘肃等高温干旱地区多为美国的品种。近几年已经有荷兰的品种也进入西北干旱区。黑龙江、吉林、内蒙古北部常规品种以“空知黄”为主，杂交一代以“卡木依”为主。辽宁北镇一带近几年多种植“卡木依二代”品种。

近年我国对外出口葱头以牡丹江口岸为主的对日销售，年出口量在2万 t 左右。

120.洋葱有哪些营养价值？

洋葱营养丰富，含有较多的蛋白质、糖类、矿物质、维生素，以及磷、铁、硫等多种无机盐。洋葱的鳞茎和叶下表皮和其他组织中，还含有油脂性的液体——硫化丙烯，俗称蒜素，它具有特殊的香味，有增进食欲、开胃、消食的功效，也是解腥调味的佳品，在医疗上有杀菌、通乳、利尿、治疗便秘等功效。

洋葱质地细密，可生食、熟食，而且高产耐贮，供应期长，对调节市场需求，解决淡季供应具有十分重要的意义。

二、类型和品种

121.洋葱划分为哪几种类型?

洋葱可分为普通洋葱、分蘖洋葱和顶球洋葱3个类型(图13)。

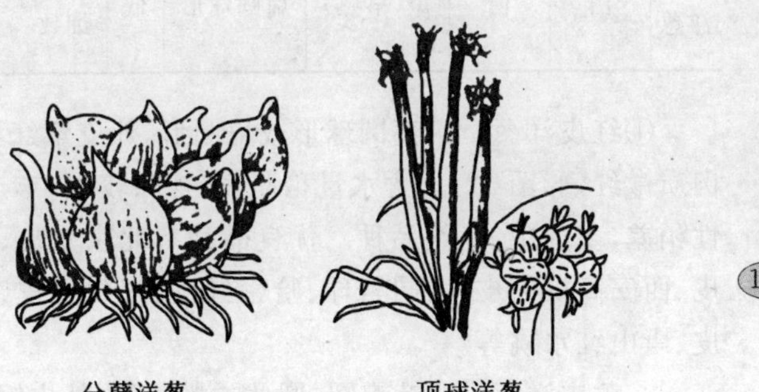

图13 分蘖洋葱和顶球洋葱

(1)普通洋葱 是生产上用的主要类型。每株形成1个鳞茎,个体大,品质佳。以种子繁殖。较耐寒,鳞茎休眠期较短,贮藏期间易萌芽。按鳞茎皮色可分为红皮、黄皮和白皮洋葱见表3。

表 3　不同品种类型洋葱的主要特点

品种类型	鳞茎外皮颜色	鳞片肉质颜色	生长期	鳞茎形状	产量	品质	耐贮性
黄皮洋葱	铜黄或淡黄	微黄	稍长(多为中熟)	扁圆球形至高桩圆球形	较高	含水量少，肉质致密，味甜而辛辣	最耐贮
红皮洋葱	紫红或粉红	微红	较长(多为中、晚熟)	圆球形或扁圆球形	高	含水量大、肉质粗	较耐贮
白皮洋葱	白	白	短(早熟)	扁圆球形	低	肉质柔嫩细致	不耐贮

①红皮洋葱　鳞茎圆球形或扁圆形，外皮紫红至粉红，肉质微红(彩图 12)。含水量稍高，辛辣味较强，丰产，耐贮性稍差，多为中、晚熟品种。优良品种有北京紫皮、上海红皮、西安高桩红皮、大同紫球、哈密红皮、解州红皮、济宁红皮、唐山红水桃等。

②黄皮洋葱　鳞茎扁圆、圆球或椭圆形，外皮铜黄或淡黄色(彩图 13)。味甜而辛辣，品质佳，耐贮藏，产量稍低，多为中、晚熟品种。优良品种有天津荸荠扁、东北黄玉葱、南京黄皮、熊岳圆葱、天津大水桃、朔县黄皮、黄魁等。

③白皮洋葱　鳞茎较小，多为扁圆形，外皮白绿至微绿(彩图 14)。肉质柔嫩，品质佳，宜做脱水菜。产量低，抗病力弱，多为早熟品种。优良品种有哈密白皮等。

(2)分蘖洋葱　每株蘖生几个至 10 多个大小不规则的鳞茎。铜黄色，品质差，产量低，耐贮藏。植株抗寒性极强，适于严寒地区栽培。很少开花结实，用分蘖小鳞茎繁殖。

(3)顶球洋葱　通常不开花结实，在花茎上形成 7～8 个至 10 余个气生鳞茎。用气生鳞茎繁殖，无需育苗，直接栽植即可。耐贮性和耐寒性强，适于严寒地区栽培。

122.黄皮洋葱的主要栽培品种有哪些?

(1)黄玉葱　河北省承德市地方品种。株高 50 cm，开展度 40 cm，叶深绿色，叶面有蜡粉，单株叶数为 9～11 片，叶身长 30 cm。鳞茎扁球形，纵径 5～6 cm，横径 7 cm 以上;鳞茎外皮为黄褐色，鳞片为淡黄色;鳞茎单重 150～200 g。甜味适中，品质好。抗寒，耐热，耐贮。每亩产量 1 250～1 750 kg。

(2)熊岳圆葱　辽宁省农业专科学校育成。植株生长旺盛，株高 70～80 cm。叶数 8～9 片，深绿色，叶面有蜡粉。鳞茎为扁球形，纵径 4～6 cm，横径 6～8 cm。鳞茎外皮为淡黄色，内部为乳白色。鳞茎单重为 130～160 g。抗寒，抗旱，耐热，抗病，耐盐碱。每亩产量为 3 500 kg 左右。

(3)荸荠扁　天津市农家品种。叶长 40 cm，功能叶数 9～10 片，绿色，蜡粉较多。鳞茎扁球形，纵径 4.5 cm，横径 7 cm。鳞茎单重 100 g 以上。鳞茎的外皮黄色，内部淡黄色。含水少，耐贮运。味辣，品质好。每亩产量在 2 500 kg 左右。

(4)福建黄皮洋葱　福建省漳州市农家品种。中、晚熟品种，短日照类型。株高 60 cm。叶斜生，深绿色，叶长 50 cm。鳞茎外皮棕黄色，内部肉质鳞片为白色，纵径 8～9.5 cm，横径 8～8.5 cm。鳞茎单重在 300 g 以上。鳞茎为扁球形或高桩球形。耐寒，耐旱，抗病，较耐热。每亩产量为 3 500～4 500 kg。

(5)北京黄皮　北京市地方品种。功能叶9～11片，深绿色，有蜡粉。鳞茎的外皮浅棕黄色，内部的鳞片为黄白色。鳞茎的形态不一。鳞茎的单重约100 g。鳞茎细致，纤维少，有较淡的辣味，略甜。鳞茎的含水量少，耐贮。每亩产量为1 500～2 000 kg。

(6)千金　台湾省培育的一代杂种，生长势强，抗紫根病。鳞茎扁球形，纵径8 cm，横径10 cm。鳞茎外皮棕黄色，内部鳞片浅黄色。鳞茎单重约300 g。耐贮。品质好。属于早熟的短日类品种。

(7)东科苹果洋葱　1997年由黑龙江省东北农业科技有限公司选育，属耐长日照类形，外观美，耐贮运。葱头圆形，酷似苹果。果皮铜黄色，光泽鲜亮。该品种因其组织紧密，自然休眠期长达6～8个月，是同类产品的3倍以上，因此，非常适合远距离运输和长时间贮存。如果单纯作为食品，可在收获前10～15天喷施MH，在－5～3℃条件下贮存，贮存期可达1年以上。高产，稳产，效益好。叶片属收敛型，适合密植，每亩保苗在32 000～35 000株。长城以南产量每公顷可达100 000～120 000 kg，长城以北每公顷可达60 000～90 000 kg，比普通洋葱增产30%以上。

(8)玛西迪　美国皮托种子公司短日照黄皮洋葱一代杂交种。早熟性、抗病性好。外皮金黄色，有光泽。圆球形，均匀整齐。鳞茎重250 g以上。鳞片乳白色。肉质细脆，辛辣味极淡，受到麦当劳、肯德基等美式快餐行业的青睐。

(9)纽约早生　美国洋葱新品种，长日照品种，中晚熟。鳞茎铜黄色。平均单球重250 g，最大球重500 g。该品种抗病较强；耐贮藏，一般贮藏期可达150天以上；喜肥水。亩产可达4 000 kg左右。

(10)农场主　该品种来自美国。早熟品种，生育期较短。植株生长势强。鳞茎球形，外皮铜黄色。一般鳞茎重200 g左右，最大可达400 g。品质好。葱头大小整齐。抗逆性强，抗病性强，倒伏期一致，封口严密。耐贮性好，贮藏期可达170天以上。

(11)皇冠王　美国洋葱新品种，长日照类型，中晚熟。鳞茎铜黄色，球形，鳞茎大小均匀，平均单球重250 g，最大球重500 g。该品种抗病性较强；耐贮藏，一般贮藏期可达150天以上；喜肥水；亩产可达4 000 kg以上。

(12)空知黄　日本洋葱品种，长日照类型，中早熟。鳞茎铜黄色。平均单球重200 g，最大球重300 g。该品种抗病性较强；耐贮藏，一般贮藏期可达170天；品质极佳，味甜；亩产可达3 000 kg左右。

(13)金球系列　北京蔬菜研究中心洋葱育种课题组从国内外大量的资源中，选育出适合我国中部及北部区域种植的高桩黄皮中、长日照系列洋葱新品种。

①金球1号　从日本泉州中甲高黄系选而成的中日照品种。株高60～70 cm。叶绿色，管状，叶片数8～9片。鳞茎高桩圆球形，纵径7～8 cm，横径8～9 cm。单球重200～250 g。鳞茎外皮浅棕黄色，有光泽；有肥厚鳞片8～11层，呈乳白色；大多数鳞茎只有一个中心芽。肉质细嫩，纤维少；鳞片水分含量适中；辣味较淡，略带甜味，品质好。耐寒性及抗逆性较强。耐抽薹，耐贮运。品种中早熟，从定植到收获100天左右，亩产量3 000～4 000 kg。为鲜食、加工与出口的理想品种。华北地区一般于8月下旬播种育苗，次年3月份定植，6月份收获。华中地区可参考当地气温适期播种。

②金球2号　由日本黄金玉葱系选而成的中日照品种。地上部长势旺盛。叶片深绿色，有蜡粉。鳞茎高桩圆球形，外皮金黄色，纵径7～8 cm，横径8～10 cm。球重250～300 g。肉质鳞片8～11层，呈乳白色。鳞茎大多数只有一个中心芽。鳞茎肉质细嫩、辣味适度，水分含量适中，品质好。抗逆性强，抗病耐寒。鳞茎顶部紧实，十分耐贮存，适应性广。中早熟，产量高，亩产量4 000 kg以上。播期与播种区域与金球1号相同。

③金球3号　从欧洲品种艾利克斯系选的长日照品种，系选代号96.5.3。植株长势旺盛，株高60～70 cm。成株有功能叶8～10片，叶面着生蜡粉，叶色浓绿。成熟鳞茎高桩球形，外皮棕黄色，纵径8～9 cm，横径6～7 cm，球重200～250 g。鳞茎辣味较浓，干物质含量高，水分含量相对较少，适宜于煮食与加工。抗病性强。耐寒。贮藏期长，可达半年左右。从定植到收获需100～120天，中熟。亩产量4 500 kg以上。为出口东南亚、南亚等国的理想品种。华北地区可在8月下旬播种，11月份或次年3月份定植。西北、东北等夏季较冷凉地区可4月份春种，8～9月份收获。

④金球4号　由欧洲品种维纳斯系选而成的长日照品种，系选代号96.7.8。鳞茎高桩球形，外皮棕黄色，纵径8～9 cm。横径7～8 cm。球重200～250 g。鳞茎内部鳞皮紧实，生芽晚，贮藏性能好。鳞茎辛辣味稍浓，干物质含量高，适宜于脱水加工与熟食。抗病耐寒，耐抽薹，不易分球。从定植到成熟约100天，早熟，亩产量约4 000 kg。为出口东南亚、南亚等地的理想品种。播期与种植区域与金球3号相同。

(14)连葱4号　又名世纪黄，连云港市蔬菜研究所在承担江苏省“九五”攻关项目期间选育出的优良黄皮洋葱新品种。具有适应性强、产量高、产品出成率高、品质好等特点。该品种适宜长江中下游地区和鲁南地区栽培，目前已在江苏、山东等地示范推广。植株生长势较旺，植株直立，无叶片下垂现象，叶色深绿，7片管状叶，株高60～70 cm。生育期250天左右，比"港葱1号"成熟期早7～10天。平均单球重250 g以上，最大可达600 g以上。鳞茎圆球形，球形指数0.85～0.90，大小基本一致。产品出成率高达82%，是出口创汇型黄皮洋葱品种。假茎较细。鳞茎外皮金黄色，有光泽，内部鳞片白色。辛辣味淡，有甜味，口感好，品质优，风味佳，深受消费者喜爱。耐贮运，比"港葱1号"延长货架时间15天左右。每亩产量4500～5 000 kg。

(15)阳春黄　连云港市蔬菜研究所选育。植株生长势旺，直立，无叶片下垂，7片管状叶，株高60～70 cm。熟性极早，生育期为220天左右。平均单球重150 g以上，每亩产量为4 200 kg。商品性好。外皮金黄色，有光泽；内部鳞片白色。辛辣味淡，有甜味。球形指数0.8以上。假茎较细。中抗紫斑病。

(16)莱选13号　莱阳农学院园艺系育成，是适于加工出口的洋葱优良新品种，目前已在我国中部、西部及北部地区大面积推广种植，产品主要销往日本、韩国、俄罗斯、东南亚等国家及地区。莱选13号洋葱植株生长势旺，抗病性强，适应性较广，中晚熟。有管状叶8～9片。叶片直立，长40 cm左右，叶色绿。鳞茎圆球形，直径8～10 cm，外皮黄色光滑。鳞片肉质白色微黄。单球重250～350 g，大者达800 g以上。每亩产量6 000～8 000 kg，高产者达10 000 kg以上。据1989—1991年3年的大面积推广试验、示范，结果表明：莱选13号洋葱比当地红皮洋葱提早成熟7天左右，增产50%以上；比熊岳洋葱增产40%以上；比两者平均每亩增值 800 元左右。该品种鳞茎组织细密，食味甜而稍辣，品质极佳，生熟食均可，还可用于脱水加工、低温保鲜。

(17)西伯利亚玉葱　韩国引进一代杂交种。整齐度好，外皮颜色是美丽的淡黄色，2～3 月可上市的极早熟品种。鳞片厚，带甜味，口感非常优秀。长势旺盛，易栽培，温暖沙壤地栽培表现更优秀。最佳播期 9 月 5～10 日。

(18)拉木搭玉葱　韩国引进一代杂交早熟品种。长势旺盛，易栽培，高桩形。鳞茎皮色铜黄色。单球重 300 g 以上。皮不易脱落，贮藏时间长。4 月下旬至 5 月上旬可采收上市。

(19)泉州球形黄洋葱　韩国中央种苗公司耐贮性极好的中日照黄皮洋葱。中晚熟。鳞茎高球形，外皮橙黄色，有光泽。单球重 300 g 左右。植株生长势强，叶浓绿色，抗病丰产，贮藏性好，适合中日照洋葱种植区栽培。出口创汇优良品种。

(20)日本大宝　该品种为一代杂交种。鳞茎圆球形，外皮呈黄色。平均单球重 350～400 g。肉质厚且风味好。球形丰圆，整齐一致，紧实，极耐贮藏和运输。优质，高产，抽薹率低，葱头膨大性佳，商品率高。对霜霉病、灰霉病等抗性强。华北地区一般在 9 月初育苗，翌年 6 月初收获。

(21)泉州中高甲黄　该品种由日本引进，产量较高，中熟偏晚。球茎高，单球重 300 g 左右。抽薹，分球少。栽培容易。品质佳。可贮藏到 10 月上旬。当前内外销兼用主导品种。

(22)OK 黄　日本洋葱品种。中晚熟。鳞茎高球形，不分瓣，肉质细腻，脆、甜、爽口。球形非常漂亮。可以生食。产量高，平均亩产 3～4 t，最高可达 5.5 t，经济效益高。鳞茎个体均匀，商品性特别好。适应性广，抗病能力强，收获后可长期吊栽或者冷藏。6月上旬收获，耐贮藏。

(23)球型黄　日本洋葱品种。晚熟品种。鳞茎球型，不分瓣。6月上、中旬收获，耐贮性较好。鳞茎肉质细腻，脆、甜、爽口，球形非常漂亮，可以生食。产量高，平均亩产3～4 t，最高可达5.5 t，经济效益高。鳞茎个体均匀，商品性特别好。适应性广，抗病能力强。

(24)毛米机　日本洋葱品种。晚熟品种。鳞茎球型，球形非常漂亮。鳞茎不分瓣，肉质较细，脆、甜、爽口，可以生食。产量高，平均亩产3～4 t，最高可达5.5 t，经济效益高。6月10日收获，耐贮性好。

(25)贮藏晚　日本洋葱品种。晚熟品种。鳞茎高球型，球形非常漂亮。鳞茎不分瓣，肉质较细，脆、甜、爽口，可以生食。产量高，平均亩产3～4 t，最高可达5.5 t，经济效益高。6月中旬收获。耐贮。适应性广，抗病能力强。

(26)早生洋葱　日本洋葱品种。极早熟品种。鳞茎高球型，球形非常漂亮。鳞茎不分瓣，肉质较细，脆、甜、爽口，可以生食。产量高，平均亩产3～4 t，最高可达5.5 t，经济效益高。球茎重240 g。5月上旬收获。适应性广，抗病能力强。

(27)索尼克　日本洋葱品种。极早熟品种。鳞茎高球型，不分瓣。肉质较细，脆、甜、爽口，可以生食。产量高，平均亩产3～4 t，最高可达5.5 t，经济效益高。球茎重250 g。5月上旬收获。

(28)阿波罗　日本洋葱品种。早熟品种。鳞茎高球形，不分瓣。肉质较细，脆、甜、爽口，可以生食。产量高，平均亩产3～4 t，最高可达5.5 t。球茎重240 g。5月中旬收获。适应性广，抗病能力强。

(29)阿斯　日本洋葱品种。中熟品种。鳞茎高球形，肉质较细。5月下旬收获，极耐贮藏。

(30)沂蒙三号　山东省临沭县蔬菜科研所培育出的新品种，适合于保鲜、脱水加工。产量高，抗病性强，适种范围广。株高70 cm左右。有管状叶9～11片，深绿色，叶面有蜡粉。鳞茎圆球形，纵横比1∶1.2左右。鳞茎外皮浅棕黄色，有光泽，有肥厚鳞片8～11层，呈乳白色。大多数鳞茎只有一个中心芽，肉质细嫩、纤维少。鳞片水分含量适中，辣味较淡，略带甜味，品质好。鳞茎平均质量在350～400 g，最大的可达1 100 g。耐寒性及抗逆性较强，耐抽薹，属中长日照型。其硬度、果形、口味比较适合日本、韩国市场的需要。亩产6 000 kg左右。自然条件下贮藏性不好，收获前要喷施青鲜素，以利鳞茎贮藏。

☞ 123. 红皮洋葱的主要栽培品种有哪些?

(1)北京紫皮　北京市的地方品种，中、晚熟。植株高60 cm以上，开展度约45 cm。成株有功能叶9～10片，深绿色，有蜡粉。鳞茎扁球形，纵径5～6 cm，横径9 cm。鳞茎的外皮为红色，内部的鳞片为浅紫红色。鳞茎单重250～300 g。鳞片肥厚，但不紧实，含水量大，品质中等。每亩产量在2 500 kg左右。生理休眠期短，易发芽，耐贮性差。

(2)高桩红皮　陕西省农业科学院蔬菜研究所选育而成。植株健壮。叶色深绿，有蜡粉。鳞茎纵径7～8 cm，横径9～10 cm，外表皮紫红色，内部的肉质鳞片白色带紫晕。鳞茎单重150～200 g。中晚熟。对肥水要求较高，分蘖少，有较强的抗寒能力，但不耐贮。每亩产量为3 500～4 000 kg。

(3)江西红皮　株高 50～70 cm，展度 45 cm。叶色深绿，蜡粉少。鳞茎扁球形，纵径 5 cm，横径 7 cm。成熟的鳞茎外皮为紫红色，半革质化；内部的肉质鳞片为浅紫红色。鳞茎单重 200 g 以上。辣味较浓，质地疏松，较脆。易失水，耐贮性较差。每亩产量为 1 750～2 000 kg。

(4)南京红皮　株高 70 cm。鳞茎扁球形。鳞茎的外表皮紫红色，内部的肉质鳞片白色带紫红色晕斑，内有鳞芽 2～3 个。鳞茎单重 100～150 g。辣味较浓。抗寒性强。休眠期短，耐贮性差。每亩产量为 1 750～2 000 kg。

(5)甘肃紫皮　株高 70 cm 以上。成株有功能叶 10 片，叶色深绿，有蜡粉。鳞茎扁球形，纵径 4～5 cm，横径 9～10 cm；表皮紫红色，半革质化；内部肉质鳞片 7～9 层，淡紫色。鳞茎单重 250～300 g。辣味浓，水分多，品质中等。抗寒，抗旱。休眠期短，不耐贮。每亩产量在 3 500 kg 以上。

(6)福建紫皮　植株直立，株高 50 cm。叶色深绿，蜡粉多。鳞茎扁球形，纵径 5 cm，横径 8 cm。成熟的鳞茎外皮紫红色，半革质化；内部的肉质鳞片白色而略带淡紫色。鳞茎单重 120 g 左右。品质较好，甜辣适中，可鲜食。休眠期短，不耐贮藏。短日照品种，每亩产量约 1 000 kg。

(7)红太阳　该品种来自美国。生育期较短。植株生长势强。鳞茎球形，外皮紫红色。一般鳞茎重 150 g 左右，最大可达 400 g。品质好。葱头大小整齐。抗逆性强，抗病性强，耐贮性好，贮藏期可达 150 天以上。倒伏期一致，封口严密。

(8)紫选 1 号　北京市农林科学院蔬菜研究中心根茎类蔬菜育种课题组培育的系列新品种。长日照类型。鳞茎高桩球性，纵径 7～8 cm，横径 8～9 cm。单球质量约 300 g。外皮紫红色，有鲜亮光泽，肉质细嫩，呈白色。辣味较浓，带甜味，干物质含量高，水分含量少。品种抗病、耐寒，贮藏期达半年左右。耐抽薹，耐分球；中晚熟品种，从定植到收获约120天，每亩产量4 000～5 000 kg。为出口、鲜食与加工的理想品种。西北、东北等地区可3～4月份保护地育苗，5月份定植，9月份收获。

(9)迟玉葱　引进韩国一代杂交种。中熟。鳞茎外皮深红色，很鲜艳，形状接近圆形。产量高。

(10)红叶三号　由日本株式会社“七宝”育成。植株直立，叶色浓绿，长势旺。鳞茎圆球形，外皮浅红棕色。平均单球重350 g。肉质厚且风味好。不易抽薹、分球，抗病性好，极耐贮藏和运输。华北地区一般在9月初育苗，翌年6月初收获。一般每亩产7 000 kg以上。出口创汇洋葱中比较优秀的品种。不足之处是萌芽慢，幼苗纤细，育苗期生长缓慢。

(11)紫星　河北省邯郸市研究所经系统选育成的国内第一个紫皮洋葱新品种，1998年3月通过河北省农作物品种审定委员会审定。该品种超高产性能显著，每亩葱头产量6 000 kg，高者可达7 000 kg以上。葱头属大型种类型，扁圆形，横径8～9 cm，纵径6～7 cm；平均单球重250 g，最大单球重400 g以上；品质脆嫩，有甜味，辣味较浓。葱头外表皮色泽漂亮，为深紫红色，有鲜亮光泽，与其他红皮或紫皮洋葱品种有明显区别。上市后销售快，价格高，有极强的市场竞争力。耐贮性强，葱头收获后有3个月的安全存放期，不萎缩，不出芽。

☞ 124.白皮洋葱的主要栽培品种有哪些？

(1)新疆白皮　新疆维吾尔自治区的地方品种。植株长势中等。株高 60 cm，展度 20 cm。成株有功能叶 13～14 片，叶色深绿，蜡粉中等。鳞茎扁球形，纵径 5 cm，横径 7 cm。成熟鳞茎的外表皮为白色，膜质；内部肉质鳞片为白色，约 15 层。鳞茎单重 150 g。质脆，较甜，微辣，纤维少，品质好。早熟。休眠期短。每亩产量在 2 000 kg 左右。

(2)江苏白皮　江苏省扬州市地方品种。植株较直立，株高 60 cm 以上。叶细长，叶色深绿，有蜡粉。鳞茎为扁球形，纵径 6～7 cm，横径 9 cm。成熟的鳞茎表皮为黄白色，半革质化；内部的肉质鳞片为白色，内有鳞芽 2～4 个。鳞茎单重为 100～150 g。质脆，较甜，略带辣味。早熟。耐寒性强。每亩产量为 1 500～1 750 kg。

(3)系选美白　天津市农业科学院蔬菜研究所选育而成的新品种。株高 60 cm。成株的功能叶 9～10 片，蜡粉少。鳞茎圆球形，球茎 10 cm 左右；外皮白色，半革质化；内部的肉质鳞片为纯白色，结构紧实，不易失水。鳞茎单重 250 g，质脆，甜辣味适中。抗寒，耐贮，耐盐碱，不易抽薹。每亩产量可达到 4 000 kg。

(4)PS11390　美国皮托种子公司一代杂交种。中晚熟短日照白皮洋葱。鳞茎近圆球形，均匀整齐；外皮亮白色；鳞片白色；干物质含量高，可溶性固形物占 22%，适合脱水加工。植株长势中等，可适当密植。河南地区播种在 9 月中旬左右。

(5)雅士高　1997 年由美国引进，在莆田地区进行试种。其表现为熟期适中、丰产性好、适应性强等特点。株高 60 cm 左右。成株叶片 11～12 片，叶色绿，蜡粉多；叶鞘浅绿色。鳞茎圆球形，球茎 10 cm 左右；外皮浅黄膜质；肉质鳞片纯白色、紧实。单个鳞茎平均 200 g 左右。其耐贮性、不易抽薹性和对盐、碱土壤的适应性都比其他白皮品种强。

125.出口洋葱主要有哪些品种?

出口洋葱品种一般以黄皮球形洋葱为主。目前作为外贸出口的黄皮洋葱要求色泽金黄光亮,球茎 10～12 cm,重量 250～300 g,为一二级品。包装上采用塑膜网袋套袋,然后装箱并标明品名产地方可进入大中城市超市。这对我国传统的蔬菜生产和销售提出了更高更细的要求。

目前作为外贸出口的品种主要是 84-1、美国杂交 20、黄皮高校、日本卡其、泉州中高黄、丰抗一号、卡木依、苹果一号、红叶三号、金皇冠等抗病性强、耐贮藏、产量高的黄皮优良品种。可以根据进口国的需求,从日本、美国等国引进一些品种。要注意的是,黄皮洋葱不可自留种,以免造成损失。

三、生物学特性

126.洋葱的根具有哪些特点?

洋葱的种子发芽以后,胚根入土不久便萎缩,因而无主根。其根为弦状须根,着生于短缩茎盘下部,在蔬菜中属于吸收能力最弱、分布最浅的一类根系。根系的入土深度为 30～40 cm,横向分布也是 30～40 cm;大部分根系分布在 20 cm 的表土层。须根无根毛或根毛量很少,抗旱能力弱,吸收肥的能力也不强。根系生长的适宜温度较地上部低,10 cm 处地温达到 5℃时,根系便开始生长;10～15℃最适宜生长,20～25℃时生长缓慢。

127.洋葱的茎具有哪些特点?

洋葱的茎短缩为茎盘,扁圆锥形,茎盘下部称为盘踵。茎盘上面着生叶和幼芽,下面着生须根系。生殖生长期间,植株经过低温春化,在长日照条件下,生长锥开始花芽分化,抽生花薹。花薹筒状,中空,中部膨大,有蜡粉,顶端形成花球,可开花结实。顶生洋葱,由于花器退化,在总苞中形成气生鳞茎。

128.洋葱的叶有何特点?

洋葱的叶由叶身和叶鞘两部分组成。叶身暗绿色,圆筒形,表面有蜡层,气孔下陷于角质层中。管状叶腹部凹陷,是抗旱的形态特征。叶鞘圆筒状,上部相互抱合形成假茎,较短,一般为 10～15 cm。生育初期,叶鞘基部迅速膨大,形成鳞茎。鳞茎成熟前,最外面 1～3 层叶鞘基部因所贮养分内移而变成膜质鳞片,可以保护内层鳞片,减少蒸腾,使洋葱得以长期贮存。

洋葱的鳞茎呈扁球形、圆球形或椭球形,表皮为紫红色、黄色或绿色,在植物学上是枝条和叶的变态器官。叶鞘肥厚的部分称开放性肉质鳞片,鳞芽(侧芽)上幼叶肥大的部分称闭合式肉质鳞片。每个鳞茎中含有 2～5 个鳞芽,每个鳞芽包含几片尚未伸展成叶片的闭合鳞片和生长锥。鳞芽的数量越多,鳞茎就越肥大。

叶身是洋葱的同化器官。叶的数目多少和叶面积大小,关系到洋葱的产量和品质,而叶片数目和叶面积主要取决于洋葱抽薹与否、幼苗生长期的长短和栽培技术水平。先期抽薹或播种过晚,势必缩短幼苗期,使叶数减少,叶面积缩小，降低产量和品质。叶鞘是洋葱营养物质的贮藏器官。叶鞘的数量和厚薄直接影响鳞茎的大小。所以，要提高洋葱的产量，必须首先创造有利于叶部生长的良好条件。

☞ 129.洋葱的花、果实及种子有何特征?

洋葱一般在定植后当年形成鳞茎，第二年抽薹、开花、结实，或产生气生鳞茎。花薹管状、中空，高 80～140 cm，顶端着生伞形花序。花序外有总苞包被，内生小花 200～300 朵。花被 6 枚，白色至淡绿色。异花授粉作物，虫媒花。

洋葱的果实为蒴果。种子盾形，有棱角，外皮坚硬多皱，腹部平坦，脐部凹陷很深，黑色，长 3.1～4.3 cm，宽 2.2～2.6 cm，厚 1.5～1.6 cm，千粒重 3～4 g。种皮的内侧有膜状的外胚乳，其内为内胚乳和胚。胚乳中有丰富的脂肪和蛋白质，胚处于内胚乳中间，为螺旋形。种子寿命短，使用年限通常为 1 年。有一种简易估计种子质量的方法，即称 1 L 种子的重量。如果种子重量为 420～470 g，为新鲜种子，发芽率可达到 90%以上；如果 1 L 种子的重量在 400 g 以下，则质量较差，发芽率很难达到 70%。

☞ 130.洋葱的生长对温度有什么要求?

洋葱为耐寒性蔬菜，种子和鳞茎在 3～5℃的低温下可缓慢萌芽，但在 12℃以上发芽迅速，有效生长温度为 7～25℃，最适宜的生长温度为 13～22℃。幼苗的生长适宜温度为 12～20℃。幼苗对温度的适应性最强，健壮的幼苗可耐－7～－6℃的低温。旺盛生长期最适宜的生长温度为 17～22℃。温度降低，生长速度慢；温度过高，根、叶发育不良。鳞茎膨大需要较高的温度。鳞茎在15℃以下不能膨大，21～27℃下鳞茎生长最好；温度偏低，鳞茎膨大缓慢，成熟期延迟；温度过高，鳞茎膨大受阻，全株生长衰退，进入休眠状态。收获后的鳞茎对温度的适应性较强，有一定的抗寒和耐热能力，在夏季可以较好地贮藏。洋葱抽薹开花期的适宜温度为15～20℃。种子发育的适宜温度为20～25℃。

洋葱为绿体春化作物，植株必须达到一定生理苗龄后才能感受低温通过春化。诱导花芽分化所需低温程度和持续时间因品种生态型不同而异。多数品种在2～5℃低温下需60～70天。南方品种所需时间短，北方品种所需时间长。洋葱对低温的反应也因营养状况的不同而不同。在相同的低温条件下，营养状况差的幼苗更易通过春化，发生花芽分化；营养状况好的幼苗发生分蘖现象，而不发生花芽分化。对于同一品种而言，受低温影响后，大苗更易抽薹。同一品种的不同个体之间，抽薹的难易程度仍有差别。洋葱抽薹开花要求较高的温度。

☞ 131.洋葱生长需要怎样的光照条件?

长日照是诱导抽薹开花和鳞茎形成的必要条件。延长日照时间可促进叶身和叶鞘上端的营养物质下移，加速鳞茎的发育和成熟。鳞茎形成对日照时数的要求因品种而异。在15 h以上的日照条件下形成鳞茎的品种为长日型品种，在13 h以下的日照条件下形成鳞茎的品种为短日型品种。我国北方品种多为长日型品种，鳞茎的形成需15 h左右的日照条件；南方品种多为短日型品种，形成鳞茎需11.5～13 h的日照长度。在引种时，要考虑品种特性是否符合本地的日照条件，否则会造成减产。例如，把北方的长日品种引到南方，易因日照长度不能满足要求而延迟鳞茎的形成和成熟，甚至不能形成鳞茎；如果盲目地把南方短日型品种引到北方，常在地上部分未长成以前就形成鳞茎，会由于没有强大的营养基础而降低产量。另外，在同一地区，不论春播或秋播、早栽或晚栽，高温长日季节来临都要进入鳞茎形成期，这就是洋葱晚播或晚栽减产的主要原因。

洋葱要求中等光照强度，对光照强度的要求高于一般的叶菜类和根菜类蔬菜，但低于果菜类蔬菜。

132. 洋葱生长要求什么样的水分条件？

洋葱的根系浅，吸水能力弱，需要较高的土壤湿度。幼苗出土前后，根、叶生长缓慢，要求保持土壤湿润；幼苗越冬以前要控制水分，防止幼苗因徒长而遭受冻害；营养生长旺盛期、鳞茎膨大期需要充足的水分供应，这是丰产的关键。如果土壤干旱，可以促进鳞茎提早形成，但严重影响鳞茎的膨大，所以产量较低。在收获前 1～2 周控制浇水，较低的土壤湿度有利于鳞茎充实，加速鳞茎成熟，促进其进入休眠期，同时可以减少鳞茎的含水量，防止鳞茎开裂，提高耐贮性。

洋葱叶片耐旱，要求较低的空气湿度，以 60%～70% 最为适宜，空气湿度过高易发生病害。洋葱的鳞茎外部有革质表皮，是耐旱性器官，贮藏在干燥条件下，仍可保持其水分。鳞茎贮藏要求低温、干燥的环境条件。

133. 洋葱要求什么样的土壤营养条件？

洋葱适宜于肥沃、疏松、保水力强的中性土壤，黏重土壤不利发根和鳞茎膨大。洋葱可适应轻度盐碱,但幼苗期对盐碱反应敏感,在盐碱地育苗易黄叶或死苗。洋葱喜肥,但绝对需肥量居中。每生产 1 000 kg 鳞茎,吸收氮 2.0～2.4 kg,磷 0.7～0.9 kg,钾 3.7～4.1 kg,吸收氮、磷、钾的比例为 1.6∶1∶2.4。幼苗期以氮肥为主,鳞茎膨大期增施钾肥,磷肥宜在幼苗期施用。

134. 洋葱的生长发育周期可以分为哪几个阶段?

洋葱为 2～3 年生蔬菜,生长发育过程分营养生长和生殖生长两个时期。洋葱从种子萌发到开花结籽的各个时期,在形态上有明显的变化;同时,在不同的时期,对环境条件的要求也不相同。

135. 洋葱的营养生长期不同阶段应注意哪些问题?

从播种到分化花芽为营养生长期。

(1)发芽期　从种子萌动到第一真叶显露为发芽期,需要 10～15 天。在适宜发芽条件下播种后 7～8 天出土。在栽培上要求注意播种不宜过深,覆土不宜过厚,并保持发芽期土壤湿润。

(2)幼苗期　从第一片真叶显露到长出 4～5 片真叶为幼苗期。幼苗出土后迅速生长,要保持适宜的温、湿度条件。此期根系的生长比地上部分的生长更为重要。秋播冬前定植,幼苗期 180～210 天(包括冬前 40～60 天,越冬期 110～120 天,春季返青期 30 天左右);春播春栽,幼苗期约 60 天。幼苗期生长缓慢,生长量小,对水分和肥力消耗量不大。定植的适宜苗龄是单株重 5～6 g,假茎粗 0.5～

0.6 cm，株高 12～15 cm，具有 3～4 片真叶。幼苗过大，容易先期抽薹。在定植后的越冬期间，植株的生长量很小，冬前要控制水肥，防止由于徒长造成的干物质积累少，降低植株的越冬能力；同时也要防止因植株过大而感受低温，通过春化阶段，第二年出现先期抽薹现象。

(3)旺盛生长盛期　植株返青以后（或在苗床越冬的洋葱定植以后），一直到鳞茎膨大以前，也就是从 4～5 片真叶至植株保持 8～9 片功能叶，叶鞘基部开始增厚的时期为旺盛生长盛期，需 40～60 天。从发育阶段的角度看，旺盛生长期和幼苗期没有本质的区别。地下部对温度敏感，前期生长速度比地上部快。以后，地上部的生长也逐渐加快。随着叶片的旺盛生长，鳞茎缓慢膨大。此期要保证充足的水肥供应，尤其是氮肥的供应，促进地上部分的旺盛生长，为鳞茎的膨大打下坚实的基础。春季定植的洋葱，在定植以后，如果幼苗受到低温（2～10℃）、干旱等不利条件的影响，可能会使部分植株发生分蘖（分球）或先期抽薹，造成减产；如果遇到高温、干旱，就会加快根系的老化。在此期的后期，要适当控制水肥，否则地上部分长势过旺，会造成“贪青”，推迟鳞茎的膨大。

(4)鳞茎膨大期　从叶鞘基部开始增厚到鳞茎成熟为鳞茎膨大期，需 30～40 天。在此期间，鳞茎膨大迅速。鳞茎形成以养分的输入和积累为物质基础，并以高温和长日照为必要的环境条件。随着气温升高，日照时间加长，叶部生长受到抑制，叶身和叶鞘上端的营养物质向叶鞘基部和鳞芽中输送，并贮于叶鞘基部和鳞芽之中，鳞茎迅速膨大。叶身和根系由缓慢生长而趋于停滞。叶身开始枯黄，假茎松软，鳞茎外层叶鞘因养分内移而呈膜状，此时应及时收获。如果在鳞茎膨大期遇到不正常的低温或施用氮肥过多，叶片“贪青”生长，就不发生或延迟发生倒伏现象。

(5)休眠期　收获后的洋葱即进入生理休眠期。休眠是洋葱对高温、强光、干旱等不良环境的一种适应。收获后的产品器官，为了便于贮藏，应立即促使其进入生理休眠期。进入生理休眠期以后，呼吸作用微弱，鳞茎不发芽，这种状态将一直保持到生理休眠期结束。洋葱生理休眠期的长短因品种特性、贮藏条件以及休眠程度等因素的不同而不同，一般为60～90天。休眠期越长，耐贮性越强。

136. 洋葱生殖生长有何特点？

洋葱生殖生长期可分为抽薹开花期和种子形成期两个时期，一般为240～300天。

(1)抽薹开花期　洋葱鳞茎在贮藏期间满足了低温条件，在休眠期结束以后，将鳞茎定植于大田中，在高温和长日照条件下，就可以形成花芽，抽薹、开花、结实，完成整个生育过程。一般每个鳞茎可长出2～5个花薹，每个花序的开花时间为10～15天。

(2)种子形成期　这一时期指的是从开花到种子成熟的过程。开花结束以后到种子成熟约需25天。温度高时，种子成熟快，但饱满度差；温度低时，种子成熟缓慢。

四、露地栽培

137. 洋葱栽培可以分为几种作型？

(1)秋季播种，秋季定植　这种作型适于我国南方各地。在温度较高的南方，也有延迟到晚秋播种，初冬定植。这种作型的优点是洋葱在田间生长期长，春季返青早、返青快，对鳞茎生长有利。

(2)秋季播种，春季定植　这种作型一般适于较寒冷的地区，秋季播种后，冬季对秧苗进行假植贮藏或窖藏，或苗床覆盖防寒，保护秧苗过冬，春暖后定植露地。

(3)春季播种，春季定植　这种作型适合于夏季温度偏低和雨水较少的高寒地区。采用短日照类型或对日照要求不严格的品种，在早春进行保护地育苗，晚霜后定植大田，秋季收获。这种作型能避免葱头出现先期抽薹的现象，同时对葱头贮藏有利，贮藏时间长，贮藏期间不易萌芽。

(4)夏季播种，春季定植　这种作型应用较少，只有在寒冷地区才能适用。即夏季播种后秋季收获小鳞茎的苗，贮藏过冬后到翌年春季定植小鳞茎，生产食用的葱头。

(5)洋葱的间套作　间套作的目的是提高土地利用率。间作的原则是不影响主作物的生长，以提高经济效益。洋葱的间套作常见的有以下几种方式：

①洋葱与玉米间作。畦边点种玉米，不宜过密。

②洋葱与高秧作物隔畦间作。如番茄、黄瓜等高秧作物，对高秧作物有利，对洋葱光照有一定影响。

③洋葱与速生蔬菜套种。

④洋葱与矮生蔬菜间作。畦边种矮生蔬菜。

138. 洋葱怎样播种?

(1)苗床准备　选择土质肥沃、疏松、保水性强及2～3年内未栽种过葱蒜类蔬菜的壤土地。播种前清洁田园，耕翻土壤；施足充分腐熟并过筛的农家肥作基肥，每亩施肥量一般为 2 500 kg，与土壤混匀。北方地区做成平畦，畦面要平整；南方因雨水较多，要做成高畦。

(2)种子处理　洋葱种子较小，种皮坚硬，吸水力弱，种子内贮藏营养物质少，出土比较困难。在正常情况下，每亩苗床的用种量为 4～5 kg，每亩秧田幼苗可栽 8～12 亩。这是按 60%发芽成苗率计算，同时，还考虑到淘汰 20%的劣苗。若种子质量不高，还应适当增加播种量。所以在播种前，应先做种子发芽试验，根据发芽率确定播种量。

种子发芽试验的方法是：将种子铺在湿润的滤纸或餐巾纸上，在上面再覆盖一层纸，放置在 20～25℃的条件下，保持湿润，每天用清水冲洗 1 次，4～7 天后计算发芽率。

为了利于发芽和提早出苗，播种前要经过浸种。在冷水中浸种 12 h 或再短一些时间。浸过的种子，捞出以后用湿布包好，放在冷凉(20～22℃)处催芽，每天用清水冲洗 1 次。当种子“露白”时要及时播种，否则，胚根过长，在播种时易折断。

(3)播种方法　播种有条播和撒播两种形式。条播是在平畦上开行距 5～7 cm、深 2 cm 的浅沟，将种子播入沟中，用扫帚扫平畦面，然后用脚踩实，使种子与土壤充分接触，最后浇水。撒播主要适用于较黏的土壤。在播种的前一天，轻浇一水，第二天将畦面浅耕松土后撒种，然后用耙将土耧平，将种子盖住。种子出土以前不再浇水。为了保墒，可用麦秸、芦苇、玉米秸等覆盖物在畦面遮荫，也可在苗床上搭荫棚遮荫。当幼苗即将出土时，可分次在下午将覆盖物揭去。

139.高寒地区洋葱春季如何育苗?

在我国北京以北地区,如冀北、晋北、内蒙古、东北等地,由于冬季严寒,幼苗不能安全越冬,所以采用春育苗方法为主。春育苗播期一般在当地定植前60天进行。利用温床或冷床育苗。首先进行浸种催芽,利用座底水的方法播种,即首先耕翻施肥整平畦面,在畦中取出一部分表土作覆土之用,然后浇足底水,上好底土后播种;覆土分2～3次进行,厚度为1 cm左右。播种后苗床内气温,出土前保持在20～25℃,夜间不要低于13℃;幼苗出齐后适当降低温度,白天保持15～20℃,夜间8℃左右。在幼苗生长到3叶时,随着幼苗生长逐步加大通风量。定植前1周进行大放风,充分练苗,准备定植。在幼苗期,要加强水肥管理,出土前保持土壤有充足的水分,出土后要经常保持土壤湿润,定植前1周停止灌水。在幼苗10～15 cm高时,结合灌水追施少量氮肥或复合肥。

140.秋露地育苗播种时期如何确定?

秋露地育苗,是秋季培育秧苗,当年苗定植田间,或以幼苗贮藏越冬,第二年春季定植,夏季收获。其优点是不占春季的苗床面积,葱头鳞茎生育时间长,产量高。在北京以南地区均实行秋播育苗。其播期各地都不一致,南方迟于北方。具体播期可参考表4。

表 4 各地洋葱栽培季节

地区	播种期	定植期	收获期	备注
哈尔滨	3月上、中旬	4月下旬	9月上旬	温床育苗
	8月5～10日			幼苗沟贮越冬
佳木斯	2月下旬	4月下旬至5月下旬	7月下旬至8月下旬	
长春	8月10～20日	4月上旬	7月中旬	露地育苗贮藏越冬
沈阳	8月20～25日	3月下旬至4月上旬	7月中旬	露地育苗贮藏越冬
	2月中旬	4月中旬	7月中下旬	保护地育苗
呼和浩特	3月下旬	5月中、下旬	8月上旬	温室育苗
北京	8月25日前后	10月中旬或翌年3月下旬	6月下旬	
天津	8月下旬	10月下旬至11月上旬	6月下旬	
石家庄	9月中旬	10月下旬至11月上旬	6月下旬至7月上旬	亦可在苗圃越冬后春栽
济南	9月上旬	10月下旬至11月上旬	6月中、下旬	
南京	9月中旬	11月下旬	5月上、中旬	
杭州	9月下旬	12月上旬	5月上旬	
西安	9月中旬	11月上、中旬	6月中旬	
兰州	9月上旬	3月下旬至4月上旬	7月下旬	
重庆	9月中旬	11月中、下旬	5月中、下旬	
昆明	9月下旬	11月上旬	5月上旬	

秋露地育苗应注意以下几点：①严格掌握适宜播种期。

播种过早，秧苗过大，冬季通过春化造成定植后未熟抽薹；播种过晚，秧苗细小，定植后产量偏低。②根据土壤质地，一般苗床沙壤土和壤土采用干籽直播，而黏壤土则先催芽、后播种为好，这样可避免黏重土壤出苗时间过长，苗床板结，而影响出苗率。③在种子出苗前应加强水分管理，保持土壤湿润，防止忽干忽湿。同时注意防治蝼蛄。苗齐后要保持土壤见湿见干。④出苗前注意防治立枯病。秧苗生长期注意防治霜霉病。⑤苗床每平方米一般按 700 株左右间苗。⑥在整个生育期要及时除草。⑦每亩施优质农家肥 2 000 kg。若苗床地力差，当幼苗长出 2 片真叶以后，要结合灌水适当追施尿素等氮肥。

141. 什么是夏播小鳞茎(仔球)繁殖方法？

夏播小鳞茎繁殖方法，是指在当地正常栽培的洋葱收获季节前 50～60 天，将种子播于苗床，幼苗生长 4～6 片真叶后，由于高温长日照，地上部叶片枯萎，养分向叶基部转移，而形成一个较小的鳞茎。将其收获后，贮藏到第二年春季定植，夏季收获商品洋葱。这种繁殖方法称为夏播小鳞茎繁殖法。

这种方法只适应于北方寒冷地区秧苗越冬不安全时使用。辽宁熊岳农业专科学校杜述林等人首先将此法应用于生产。这种方法仔球贮藏时间长(7 月份收获，翌年 3 月中、下旬定植)，所以只有贮藏时期不易出芽和不易腐烂的品种适用。在辽宁南部一般 5 月中旬播种，品种为熊岳圆葱，每亩播种 3.5～4.0 kg。采用撒播法，籽要均匀。进入 7 月中旬，高温到来时幼苗长至 4～6 片真叶，小鳞茎膨大 1.5～3 cm(直径)。随着叶片枯萎，开始收获。收后充分晾干后装筐，放入通风席贮藏。越冬期间要防止伤热和受冻。经 2～3 次的挑选，淘汰掉虫芽与腐烂的鳞茎。

在栽培上，要防止小鳞茎过大和过小，否则会造成未熟抽薹和产量偏低。定植时期，应尽量抢早，一般土壤解冻 10 cm 开始定植。定植方法，首先整地做畦，亩施农家肥 3 000～5 000 kg，磷酸二铵 15～20 kg，畦面整平后，按 1 m 宽畦栽 6～7 行，开沟定植；沟深 3 cm 左右；栽后覆土厚度为 1～1.5 cm，株距 10 cm；覆土后喷药，进行化学除草；而后覆盖地膜。当幼苗出土后及时将膜扎眼，使其长出地膜。如用工过大，可在幼苗长出地表 1 cm 后，将膜整个撤去。其他管理与春秋洋葱育苗相同。

☞ 142. 洋葱的定植时期如何确定？

洋葱的定植时期，因各地气候而异。寒冷地区定植期的幅度较窄，而温暖地区的幅度较宽。华北平原以南的大部分地区，采取冬前定植，幼苗缓苗后入冬。在北方地区，由于冬前定植死苗严重，则采用冬前囤苗假植，春季土壤解冻 8～10 cm 时及时定植。这样能延长其生长期，使鳞茎膨大前长出较多的功能叶片，提高洋葱产量。长江流域在 11 月中、下旬定植。我国南北方主要城市的播种、定植和收获期见表 2。

☞ 143. 洋葱定植时如何整地施肥？

洋葱是浅根蔬菜，根群主要集中在 20 cm 深的土壤内，对土壤的要求较高。因此，整地时要深耕，耕翻的深度不应少于 20 cm。耕翻后，撒施充分腐熟的农家肥，每亩 2 000 kg；每亩还可施用 25 kg 过磷酸钙，与土壤混匀；而后再进行一次浅耕，使畦土细碎，结构疏松，有利于发根。如果整地不细，土壤板结，通气不良，会限制根系的发展，植株下部的叶片会提早萎蔫。

整地后做畦。在北方地区，多采用平畦。畦宽因不同地区的习惯而定，一般为 0.9～1.8 m，畦长 8～9 m。做畦时，畦面要平，使浇水深浅一致，尤其是在盐碱地栽培洋葱，畦面的高低不平会导致返碱。南方地区一般做成高畦，畦宽 1.3～1.5 m，长 10 m，畦间沟深 30 cm，畦的中部稍高于两侧，以利于排水。

144. 洋葱定植时应该注意哪些问题？

为了提高洋葱定植以后的发根能力，可在定植前 10～15 天对叶面喷 0.2%～0.4%的磷酸二氢钾，这是因为磷素在植株中运输十分缓慢，从根到叶尖要用 3～4 天，而叶片喷磷在 1～2 h 后即可吸收运转。

起苗前一天，可浇一次轻水。当床土干湿适度时，用苗铲起苗，不可用手拔苗，防止伤根，降低成活率。起出的幼苗要按大小分级，而后分别栽植，以便管理。除去病苗、虫伤苗、矮化苗、徒长苗、分蘖苗、抽薹危险苗、黄化萎缩和根部腐朽的劣苗。对叶鞘直径接近 1 cm 的大苗，定植前可将叶部剪掉 1/3，这样做可减少先期抽薹的可能性，但剪叶不可过量。

定植前，幼苗要在湿润的条件下保存，以保护根系。

栽植密度应考虑品种熟性、生育期长短、土壤肥力和水肥条件，同时要正确处理总产量与单株产量的关系。一般，秋播冬前定植的洋葱，以每亩栽 3 万株为宜；春栽密度可适度增加。常用的行株距为 15 cm×15 cm、18 cm×

12.5 cm、22 cm×10 cm 等。红皮品种的栽植密度应比黄皮品种稀。

洋葱适于浅栽，最适栽植深度 2～3 cm。栽植过深，地上部生长过旺，鳞茎不易膨大，且易呈畸形；栽植过浅，根系生长不良，植株易倒伏，冬季易受冻害，鳞茎外露易开裂或日晒变绿。沙质土壤可稍深，黏重土壤应稍浅；秋栽可稍深，春栽应略浅。

☞ 145. 洋葱苗期如何管理?

苗期浇水应根据土壤的墒情和播种的方式灵活掌握。采用湿播法，即先浇水后播种的方法播种的，由于有底墒，在齐苗以前不必浇水；用干播法播种的洋葱要在子叶伸直以前浇水 1 次，在子叶伸直时再浇水 1 次，以后要控制浇水，直到第一片真叶长出。在第二片真叶长出后随水施 1 次肥，每亩可用尿素 10 kg 或硫酸铵 20 kg，也可施用腐熟的人粪尿。

在第二片真叶长出以后，施肥之前，要间苗，间除相对弱小的苗，同时拔除杂草。

苗期除草 2～3 次，并注意防治葱蝇。秋播春栽秧苗露地越冬的寒冷地区，冬前可加设风障，浇灌冻水或覆盖马粪、圈肥，保护秧苗安全越冬。

☞ 146. 秋播幼苗的越冬管理应注意哪些问题?

(1)苗床越冬　在土壤封冻以前，约在立冬节之后，浇 1 次冻水，水量要足，畦面要有积水，第二天在畦面上覆盖 1 cm 厚的细土，同时在育苗床的北侧加风障。随着温度的降低，要在畦面上覆盖碎稻草或麦秸等物，厚度为 15～

20 cm，防寒保温。第二年春季温度升高时，除去覆盖物，幼苗即可返青；也可用塑料薄膜覆盖，膜的四周压严，破损漏风处及时修补，这种方法效果好，但成本较高。

（2）囤苗越冬　又叫假植越冬。在地势高燥的地块立风障，在风障的南侧开 10 cm 深，宽度为 1 m 的囤苗床。将从苗床带土挖出的幼苗紧密地摆在沟中，摆一行培一行的土，壅土不可高于叶鞘的顶部（分叉处）。囤苗以后，用土将四周堵严，不可透风。当土壤开始结冻时，在幼苗上覆盖防寒土，厚度为 2 cm；随着温度的降低，可再覆土 2～3 次。同时，可在苗上覆盖秸秆等防止雨雪，使囤苗期间保持低温恒定，避免温度忽高忽低。

（3）窖藏越冬　严寒地区，洋葱栽培面积不大，可利用贮存蔬菜的地窖来贮藏洋葱苗。土壤封冻前将幼苗挖起，捆扎成直径 10～15 cm 的小把，直立地密排在地窖中，排好一层再排一层，一直堆高到 1 m 左右为限。窖壁要填上湿土，防止干燥。窖藏的初期要翻堆检查，防止发热腐烂；发现有腐烂的秧苗，及时清除出窖。

147. 为什么洋葱地膜覆盖栽培产量高？

地膜覆盖主要机理是提高前期地温，改善土壤通透性，保持土壤疏松，增强地表含水量，促进根系提早发育，增强其吸水吸肥能力，使叶片得以迅速生长。

由于洋葱栽培，在同一地区不论春播或秋播，不管定植期早晚，高温长日照来临时都进入鳞茎形成期，不因早播而提前收获，也不因晚播或晚栽而推迟鳞茎形成。所以，洋葱晚播或晚栽将会造成减产。地膜覆盖提高了洋葱前期生长地温，改善了土壤环境，使洋葱提早进入叶片生长盛期，使叶片数得以增加，叶面积得以加大，也就是人为地延长了营养生长盛期，在高温长日照来临前已经形成一个庞大的叶片营养体，这样在高温长日照的条件下，叶片能积累大量营养自叶鞘向茎部转移，形成肥大的肉质鳞片。叶片数目越多，叶面积越大，形成的鳞片越多越肥大，产量就越高。所以，地膜覆盖洋葱增产效果显著。

☞ 148.洋葱如何与玉米进行套作栽培?

洋葱植株低矮，管叶直立，适于和其他蔬菜间作套种，其中以套作产量产值较高。在东北，洋葱除与一般蔬菜套种以外，还与玉米进行套种。一般在春季 3 月下旬及时整地、做垄，将洋葱定植于垄台上，实行大垄双行或单行(60 cm×50 cm)，每亩保苗单行为 1 万株，双行为 1.8 万株。5 月下旬在洋葱垄沟播种玉米，6 月下旬洋葱收获后，及时中耕起垄。这种套种栽培洋葱亩产 1 000～2 000 kg，对玉米产量无大影响。另外也可利用玉米 2∶2 的空垄套种洋葱，即将原四垄应保留的玉米株数播种两垄上，而空下两垄作为通风透光用，而这两个空垄栽植洋葱，既可提高土地利用率，便于田间作业，又不影响玉米生长。

☞ 149.洋葱先期抽薹的原因是什么？怎样防止?

在洋葱生产上，一般洋葱幼苗秋季或春季定植后，经过春夏的生长，地上部长有 9～10 片叶，地下部形成一个鳞茎，即葱头。葱头收获后在秋末或第二年春栽到地里，长出几片叶子后，才能抽出花薹开花结实。而有的洋葱，幼苗栽植后，没长几片叶，在鳞茎形成前就过早的抽薹了，这种现象叫做洋葱的未熟抽薹。未熟抽薹的植株地下不能形成葱头。

未熟抽薹的原因是多方面的,除气候因素外与品种的遗传性和栽培技术有关。

不同品种感受地温的敏感性是不同的。优良品种表现丰产且抽薹率低,而对低温感性强的品种,很易出现未熟抽薹现象。越冬幼苗营养积累的多少,是影响未熟抽薹的主要因素。播种过早,幼苗生长较粗,直径超过 0.9 cm,而且长时间(60～70 天)处于低温(2～5℃)条件的早期抽薹率明显提高。洋葱幼苗直径在 0.5 cm 以下没有抽薹的。另外,定植时间早比定植时间晚的抽薹率高,播种晚幼苗小,但定植过早抽薹率也能提高。

防止未熟抽薹关键是严格选择品种,控制苗龄和低温。低温春化是花芽分化的根本原因,所以在育苗过程中和定植后,尽量避免低温和缩短低温期,是控制花芽分化条件的重要方面。生产中应该注意以下几点:

①选择冬性强的品种。因冬性弱的品种对低温反应敏感,幼苗较小时就可以接受低温春化;而冬性强的品种对低温反应迟钝,幼苗较大时才能感受低温。

②适期播种。适期播种是防止洋葱先期抽薹的最有效措施。播种过早容易引起春季未熟抽薹;播种过晚时,幼苗较小,在越冬中易死苗,而且产量较低。

③适时定植。定植对幼苗的大小与第二年未熟抽薹关系很大。如果定植过早,幼苗虽然不大,而定植后气温尚高,幼苗可继续生长。当幼苗生长到通过春化所必需的临界大小时,也会在冬季通过春化阶段,从而造成春季先期抽薹。所以,洋葱必须适时定植。

④严格选苗。定植时挑选出过长苗、纤细苗,选用苗高 12～15 cm、假茎粗 0.5～0.8 cm、无病虫害、苗龄 50～60

天的幼苗。如果必须用假茎粗 0.9 cm 以上的大苗时，可适当搁置几日，以抑制生长，然后再定植，可减少先期抽薹。

⑤合理促控。幼苗期适当控制肥水用量，以免幼苗生长过快，防止大苗越冬引起先期抽薹。春季返青后应及时追肥浇水，促进营养生长。否则，植株瘦弱，营养不良，也较易先期抽薹。

⑥对发生先期抽薹的植株，应及时从花薹基部将花薹摘除。如果采薹过晚或不采薹，不仅由于花薹生长消耗营养而减产，而且鳞茎遇雨易积水腐烂，不耐贮存。

总之，为防止洋葱先期抽薹，应根据品种对低温和日长的反应选择品种，正确决定播种期和定植期，定植时选用径粗 0.5～0.8 cm 之间的适龄苗。

150. 怎样防止生产田缺苗?

洋葱定植后的成苗率或缺苗程度，直接影响着产量的高低。造成缺苗的原因是：

①栽植过深或过浅。

②整地不细，畦面不平整，土块较大较多，葱苗栽植后根系与土壤不能很好密接，造成悬空而死。

③秋季定植过晚，根系未能得到恢复，冬季气温低受冻而死。

④葱苗质量低劣，春季栽种之前，葱苗受冻或伤热。

⑤春季栽种前土壤干旱，栽后又无雨，又没有灌溉条件，造成葱苗干枯而死。

⑥田间杂草过多，拔草不及时，杂草长大后再拔，常把葱苗带出来而缺苗。

⑦土壤盐碱过重、地下害虫为害及冬前未浇冻水等都

可以造成缺苗。

防治方法：

①栽苗深浅要适宜，过深不利缓苗，过浅很易吊干苗，一般以 2～3 cm 深浅为宜。同时，栽苗时用手将苗四周覆土按实，但不要用力过大，以防伤害幼苗。

②整地要细，耙细耙平，然后做畦。做畦前如土壤干旱，要先灌水，晾成半干时再做畦栽苗。如果栽苗时土干没有灌水就做畦栽苗了，在栽后要浇一次透水。这样，一方面防止干旱，另一方面是葱苗与土壤进一步密接，有利于缓苗。

③实行秋栽的地区，要适时定植，一般在严寒到来前 40 天左右定植。定植过早冬前秧苗生长过大，第二年将造成未熟抽薹；定植过晚，冬前秧苗根系未得到恢复，第二年容易掉苗。

④加强秧苗假植越冬管理，使之既不受冻也不伤热，提高定植成活率。

⑤严格进行选苗分级。无论秋栽或春栽，栽前都严格选苗，淘汰病苗、矮化苗、徒长苗、分蘖苗、抽薹危险苗、弱小苗及受冻伤热苗。

⑥选择土壤肥沃、有机质丰富的沙壤土地块，避免栽植在土壤盐碱过重地块。

⑦在整个生育期，要及时防止地蛆、蝼蛄等地下害虫，及早清除杂草。

⑧秋栽要掌握好浇冻水和覆盖。冻水不能浇的过早和过晚，最好浇冻水后土壤即封冻不再融化。浇水要选择晴天，中午气温较高时浇灌，以防冻坏幼苗。冻水不能过量，以水全部渗入土中没有积水结冰为准。在冬季比较寒冷的地区，要用马粪、堆肥、稻草等及时覆盖防寒。

⑨最好采用地膜覆盖栽培。无论春栽或秋栽，采用地膜覆盖都能有地防止缺苗，提高保苗率。而且地膜覆盖栽培还能提高洋葱产量，洋葱个大而整齐。所以，洋葱栽培应广泛应用地膜覆盖。

☞ 151.洋葱定植后如何进行水分管理？

由于洋葱根系分布在表土层中，吸水吸肥能力弱，对土壤水分要求比较严格；喜湿怕旱，适宜范围是60%～80%，如果在50%以下生长将会受到抑制，所以定植后应加强肥水管理。

秋栽洋葱，从定植到越冬，由于气温低，蒸发量小，幼苗生长缓慢，除定植后浇1～2次水促进缓苗外，应控制浇水，以中耕、松土、保墒为主，促进幼苗健壮，增强抗寒性。土壤开始冻结时浇足冻水。冻水要在晴天中午浇灌，而且不要过量，以浇后水分全部渗入土中，地表无积水为准；时间应以浇后土壤即封冻不再融化为准。翌年返青后，当10 cm土壤温度稳定在10℃左右，及时浇返青水，促进返青。早春气温低，浇水不宜过勤，量不宜过大，为的是提高地温；加强中耕保墒，保持土壤见湿见干。

春栽洋葱，缓苗前不浇水，以保墒提高地温、促进发根为主。缓苗后根据土壤墒情及时浇水，但量不宜过大。

进入发叶盛期，应适当增加灌水，一般每隔7～8天浇灌1次，使土壤经常保持湿润。如果这一时期土壤缺水干旱，地上部不能充分生长，则将影响将来鳞茎的大小和重量。幼苗长到一定高度后，当鳞茎部分刚刚表现膨大时，需要稍加控制进行蹲苗，蹲苗期7～10天。

蹲苗后，洋葱进入鳞茎膨大期，植株营养物质向叶鞘基部输送，对水分的要求日益增多，气温也逐渐升高，浇水次数也应随之增加，一般 5～6 天浇 1 次。土壤要保持湿润，灌水时间以早晨为好。如果此时水分不足，植株早衰，鳞茎将会变小而减产。鳞茎临近成熟期，叶部和根系的生活机能减退，应逐步减少灌水；收获前 7～8 天，当田间植株开始出现自然倒伏时，停止灌水，以减少鳞茎中水分含量，提高鳞茎的耐贮性。

南方雨量充沛，菜田很少单独浇水，大都结合追肥适当灌水，在春雨和梅雨期间还要注意排水。

地膜覆盖栽培，由于减少了土壤水分蒸发，保持了土壤湿度，可起到节水增产的作用。

152. 洋葱生育期间应如何追肥?

洋葱在生育期间，要分期适量追肥，才能长成苗壮的植株，形成肥大的鳞茎。

秋栽洋葱，在返青时结合浇返青水进行追肥，每亩施入人粪尿 1 000～1 500 kg 或硫酸铵 10～15 kg，过磷酸钙 25 kg，促使返青。发棵后 30 天左右，随着气温升高，植株进入叶部旺盛生长期，需肥量增加，应结合浇水，进行第二次追肥，每亩追施硫酸铵 15～20 kg 和硫酸钾 10 kg。返青后 50～60 天，鳞茎开始膨大，为追肥的关键时期，每亩再追施硫酸铵 20～25 kg，并应配合施入适量的钾肥。鳞茎膨大盛期，再根据土壤肥力和洋葱生长需要适量追肥 1～2 次，保持鳞茎持续肥大。在鳞茎开始膨大时，不可过多施用氮肥，以免植株“贪青”，不能及时由地上部分的旺盛生长转入鳞茎的膨大。在鳞茎膨大期，施肥时应加入硫酸钾，用量为每亩 5～10 kg。植株缺钾，产量降低，耐贮性变差。洋葱不同生育期对肥的要求是:幼苗期以氮为主,鳞茎膨大期以钾为主,整个生育期不能缺磷。每亩氮磷钾的标准施用量为:氮 12.5～14.3 kg,磷 10～11.3 kg,钾 12.5～15 kg。

春栽洋葱的追肥,可参照秋栽进行。

☞ 153. 洋葱鳞茎膨大前为什么要蹲苗?

洋葱从定植到鳞茎膨大前,在管理上一致以促进生长,增加叶片数,扩大营养面积为主。为了保证洋葱对水分和养分的吸收,土壤需经常保持湿润,不断增施一些氮素肥料。

洋葱鳞茎的形成主要是长日照刺激的反应。有较长的日照和较高的温度,鳞茎才开始膨大。而洋葱体内的氮素对长日照感应有负作用。当叶身含氮物质高时,对长日照的感应性下将,从而抑制或推迟鳞茎的形成。

鳞茎膨大前蹲苗,是通过控制土壤水分,来达到减少洋葱对营养成分的吸收,进而降低洋葱叶身的含氮物质,促进鳞茎的形成。如果鳞茎膨大前继续灌水不进行蹲苗,容易引起叶片徒长而使植株疯秧,高温到来后,植株迅速老化进入休眠,叶片养分不能充分向叶鞘转移,影响鳞茎肥大造成减产。如果鳞茎膨大前,较长时间保持干旱,减少土壤水分,虽可促进鳞茎形成,但对鳞茎肥大生长不利,因此鳞茎膨大前要进行蹲苗。

☞ 154. 洋葱生产中如何中耕、培土?

不覆盖地膜时,应及时中耕,尤其在蹲苗以前,必须进行中耕。黏重的土壤中耕次数要比沙质土壤多。中耕的深度控制在 3 cm 以内,靠近植株处浅,远离植株处深。植株封垄以后,停止中耕。在中耕的同时,可培土。有人为了减少鳞茎膨大的阻力而扒土,实践证明这样反而会导致减产,是不可取的。

☞ 155.如何确定洋葱的收获期?

洋葱鳞茎成熟期的早晚,与品种特性、定植时间和气候条件有关。在我国不同地区,收获期差异很大:上海、南京一般在小满前后收获;河南、山东多在夏至前收获;京、津、冀中南部多数夏至为收获时期;东北各地一般在小暑至大暑收获。休眠期短、耐贮性较差的品种,应适当提早收获;当有一半植株倒伏时,即可开始收获;而中晚熟品种的收获期偏晚,以70%植株倒伏时为收获适宜期。

洋葱成熟的标志是:下部第一片叶至第二片叶枯黄,第三片叶至第四片叶尚带绿色,假茎变软并开始倒伏,鳞茎停止膨大进入休眠阶段,鳞茎外层鳞片变干。此时为收获期。早收减产,迟收遇雨,鳞茎外皮破裂,不耐贮藏。收获前要选择晴天。葱头挖出后,在田间晾晒3~4天,促其后熟。晾晒时应将后排的洋葱叶子盖住前排的鳞茎,以免直接暴晒而使鳞茎受到灼伤。收获时尽量不要刨伤鳞茎,也不要折断叶片,这样既便于编辫,又可减少贮藏期间从伤口感染而导致腐烂。当叶子晒至7~8成干时,编成辫子贮藏,或由鳞茎颈部6~10 cm处剪断叶鞘后,晾晒装筐贮藏。

☞ 156.洋葱收获前为什么要用青鲜素处理?处理时应注意哪些问题?

洋葱收获后,呼吸逐渐减弱,进入生理休眠期。休眠期的长短因品种类型而异,黄皮品种接近60天,而红皮品种为 30～40 天。生理休眠完成后，洋葱进入休眠的解除期，生理活动逐渐加强，开始抽芽。抽芽以后，葱头内部的水分和养分逐渐向芽子和叶子转移，而使葱头质地变软，纤维增多，品质下降，重量减轻，食用价值降低。在我国，夏季高温不利于洋葱营养生长，而使鳞茎处于强制休眠状态；进入 9 月份后，由于气温逐渐降低，呼吸会重新加强，逐渐解除休眠而进入萌发期，使洋葱出芽。为了调节蔬菜市场淡旺季供应的矛盾，应人为地延长洋葱贮藏期限。延长洋葱贮藏期，除选用像“熊岳圆葱”一类耐贮的品种外，还可在洋葱收获前两周，用青鲜素（MH，顺丁烯二酸联氨）处理，可破坏植株生长点，抑制发芽，延长贮藏期。

利用青鲜素处理洋葱的具体方法是：在收获前 10～14 天，田间植株出现倒伏时，选晴天向叶面喷洒 0.25%的青鲜素水溶液，每亩用量 50～75 kg。为增加黏着力，每 50 kg 药液中加入 1.5 kg 大豆浆或 0.1 kg 合成洗衣粉。处理后的鳞茎可贮到第二年 4～5 月份不萌芽。但在使用时应严格掌握用药时间。用药时间过早，鳞茎组织呈海绵状而失去商品价值；过晚或喷药后 24 h 遇雨，则效果不良。用青鲜素处理的鳞茎，生长点已被破坏，顶芽永不萌发，因而不能留种。

157. 洋葱收获后怎样晾晒及保管？

洋葱在贮藏时需要干燥，所以收获后需充分晾晒，这是一个关键。具体做法是：在收获后先就地一排排摆好，使后排的洋葱叶子盖住前排的鳞茎，以免直接暴晒而使鳞茎受到灼伤（彩图 15）。晾晒 3～4 天后叶子已经发软，应及时编辫子。编辫时应注意选头，去掉伤、劣葱头，按葱头大小编辫。如晾晒后茎叶较少，可加湿稻草便于编辫。每辫重5～7 kg。编好以后使鳞茎朝下，叶辫朝上，一辫一辫地单独摆平继续晾晒。中午阳光过强时要适当遮盖，下午再揭去。晾晒期间要注意防雨、防露，如遇降雨要提前把它码成1 m左右高的小垛，用废旧塑料或苇席盖好，切忌雨淋，一旦将辫子淋湿就很难再晒干，必将影响贮藏效果。天气转晴后及时摊开继续晾晒，经过6～7天辫子由绿变黄，鳞茎外皮充分干燥后即可堆成小垛临时贮藏。

五、洋葱的贮藏与加工

158. 洋葱的贮藏方法有哪些？

（1）垛藏　我国华北地区多用室外码垛贮藏。具体方法是：在收获、晾晒、编辫、再晾晒使鳞茎充分干燥的基础上，首先码成小垛。垛下面用土埂、木檩等垫高30～50 cm，上铺秫秸，将洋葱辫子一层层码好，垛高1 m、宽2 m左右，顶部用苇席等物盖好防雨。经十余天后，选晴天摊开再晒，这样反复晾晒2～3次洋葱辫子充分干燥后便可上大垛。大垛高1.5 m，宽1.2～1.5 m，长约8.3 m。这样一垛可贮洋葱5 000 kg。为了防止洋葱受潮，要选地势高燥、空气流通、排水良好的地块，南北向垒两行、间距0.66 m、宽1 m的土埂，铺上木檩，上垫秫秸厚约20 cm作底。将充分晾晒的洋葱辫子头朝外，辫梢朝内一层层码放整齐。垛好后，四周用两层苇席围好，并用绳子横竖扎紧，垛顶先铺稻草，再压土、抹泥，这样可防阳光直晒和雨水渗入。

为了降低垛内温度，码垛最好在晴天黎明进行。白天码垛因洋葱晒得很热，容易发生腐烂。如果连续降雨或阴天，当天气转晴时，可留一层席，将其余席子揭起晾晒，然后再封好。封垛以后，只要不是漏雨，不应到垛，以防碰伤促使萌芽。在码垛和搬运时要轻拿轻放，以免造成机械损伤。

上海等地也有不编辫码垛的。方法是将经过充分晾晒的洋葱扎成小把，然后选地势高的场所，在地面上垫起约20 cm厚的麦秸作垛底，把洋葱堆成圆形垛，底部直径2 m，高1.3 m左右，可贮750～1 500 kg。垛的四周围以麦秸，顶部也用麦秸做成屋顶状，以防淋雨。

(2)挂藏　华东地区多采用挂藏。将带叶的洋葱10～20头扎成一把，在通风良好的室内用竹竿木棍搭成挂藏架，将洋葱一把一把地挂在架上(图14)。也可编辫，每辫60头，或两辫一挂，每挂5 kg。如果晾晒后茎叶过少，可加湿稻草以变于编辫。编好后，将葱头向下，茎叶向上，继续晾晒6～7天，使葱头充分干燥。晾晒时不可遇雨，直到绿色部分变为黄色，将辫挂在木架上。保持室内的空气干燥，经常通风排湿。贮藏期间，及时清除腐烂的葱头。

(3)室内堆藏　将切去叶片的洋葱堆放在通风、干燥的室内，堆高不超过1 m；每隔15天，翻动一次。进入10月份，气温降低，即可入囤。囤的结构类似粮囤，下部铺砖石，砖石上架竹竿或木棍，四周用苇席围起来；在囤的底部铺一层稻草，再放入3～4层洋葱；其上铺一层玉米秸秆，以利于通风降温；其上再铺3～4层洋葱。这样，层

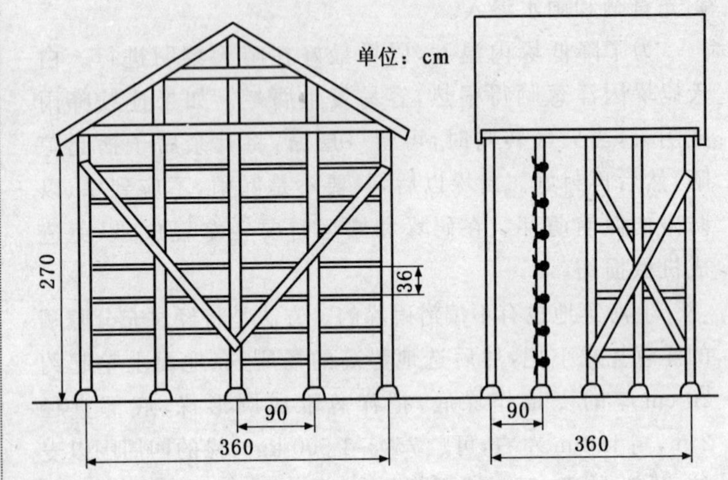

图 14　洋葱挂藏屋结构

层上堆，直到满囤为止。每隔 15～20 天翻堆 1 次。翻堆 2～3 次后，气温降低，不必再翻堆。如遇寒冷天气，囤顶覆草防冻。

(4)冷库贮藏　在洋葱生理休眠的后期，将洋葱装在网袋或木箱里，放入冷库。这样比较经济。入库的时间也不可过晚，否则会影响贮藏效果。库内贮藏的适宜温度为 0～2℃，空气相对湿度为 70%左右。因冷藏需要投资基建冷库，贮藏成本较高，不能普遍地应用。

冷藏前把收获后晾干的葱头切去假茎和叶片部分，放入塑料箱或柳条筐中。入库前，冷库内要进行消毒。准备堆贮洋葱的地方铺上垫板。冷藏洋葱入库前必须进行预冷阶段。库内堆放时，每堆之间要留有通道。

(5)气调贮藏　用快速降氧法或自然降氧法，以减少洋葱贮藏环境中的氧气。可在洋葱休眠期内进行。方法是，先在清理消毒的地窖或地下室内铺一层规格大于垛底，厚0.14～0.23 mm的薄膜作帐底，上撒10～15 kg消石灰，垫上2～3层砖，再上面码放木箱，每木箱装充分干燥的洋葱17.5 kg。木箱可码成长方形，长6箱，宽4箱，两层共放840 kg左右。而后罩上与垛大小相等的薄膜帐子，将帐子底边与帐底的薄膜一起卷起，用砖或土压紧。帐子四周如有抽气孔、通风口也要扎紧。这样构成一个密闭的贮藏系统。

封帐后，垛内洋葱由于呼吸作用，二氧化碳逐渐升高，氧气逐渐减少，可以达到缺氧贮藏的目的。一般气调贮藏，帐内的氧含量指标为1%～3%，二氧化碳含量为5%～10%。在贮藏过程中每隔25～30天检查1次，拣出病、烂的洋葱，继续贮藏。

☞ 159.如何防止洋葱贮藏期间发芽和腐烂？

洋葱是一种比较耐贮藏的蔬菜，一般可以贮藏200天左右。但有时贮藏不久，便出现腐烂和发芽的现象。发芽和腐烂的洋葱都不能继续贮藏，甚至已经完全丧失了食用价值。

洋葱贮藏期间发芽和腐烂的原因主要有：①洋葱收获时间过晚，收获前或晾晒时遭受热雨，或雨水过多，洋葱在地里被水淹过。即使正常收获的洋葱晾晒不干，贮藏后也易腐烂。②贮藏初期，洋葱堆积过厚，通风不好，没有及时翻倒，堆内产生热气，洋葱易腐烂。③洋葱收获后，经过90天左右的休眠期后，获得适宜温度就要陆续发芽。如果这个时期湿度大，就会加速发芽，而且还会发生新根，甚至发霉、腐烂。

防治措施：①适时收获。②在收获前5～7天停止灌水，降低洋葱含水量，促进成熟。收获后即使晾晒，等洋葱充分干燥之后再贮藏。③选用休眠期长的耐贮品种。一般黄皮品种比红皮品种耐贮，黄皮品种中的扁圆种更耐贮。④采用低温贮藏或气调贮藏，在洋葱收获前用青鲜素处理，都可以有效地防止洋葱在贮藏期间的发芽和腐烂。

160.洋葱的种子如何贮藏?

种子贮藏期间如含水量高，发芽率就会急剧下降。在常温下不加任何处理的种子，一般到第二年播种时，发芽率会明显降低而失去留种价值。一般认为，洋葱种子在贮藏过程中安全湿度因温度条件而异。如在0℃条件下相对湿度为70%，即可比较安全的进行贮藏；当贮藏温度上升到20℃时，必须把相对湿度降到30%。而这样的条件在长期贮藏中是困难的。

为了控制洋葱种子的含水量，在种子充分干燥后，采用隔湿材料（高密度聚乙烯塑料袋等）包装能有效地防止发芽率降低。另外，把充分干燥后的种子装入铁桶，将口焊封严密后放入冷库中进行长期贮存，效果也很好。但是一旦出库后，必须当年用完，否则发芽率就会下降得很快。

六、洋葱的良种繁育

161. 洋葱采种有几种方法?

洋葱采种是利用鳞茎在贮藏期间或定植以后，逐步满足了对低温的要求，而后又获得适宜的长日照条件，即形成花芽而抽薹开花。因洋葱为多胚性作物，每个鳞茎可以长出 2～5 个花薹，甚至更多。花薹顶端形成花序，外有总苞包被，内有数百个小花，雌雄同花，异花授粉，所以采种应注意隔离。

洋葱采种方法，按其鳞茎定植时期，分为春栽和秋栽采种；按其开花时是否有保护设施，分为露地采种和保护地采种。我国多实行露地繁种。洋葱鳞茎能在露地安全过冬的地区，种株以秋栽为宜，这样可提早种株开花期，避开雨季而获得高产。而鳞茎不能在露地安全越冬地区，则实行春栽采种。

秋栽采种：在华北地区，一般 9 月上旬至下旬定植；华东地区 10 月份定植。定植行距一般 30～45 cm，株距 25～30 cm，每亩保苗 4 000 株左右。定植宜稍深，这样不仅在越冬时不易受冻，来年花薹抽出后也不易倒伏，一般可开 10 cm 深的沟定植；栽后盖土埋没鳞茎，并浇缓苗水 1～2 次；越冬前植株可达 25～30 cm。封冻前再浇 1 次冻水。种株越冬前应做好防寒工作，及时挟好风障或地面盖草，以保安全越冬。第二年 5 月抽薹开花，6 月下旬至 7 月中旬采收种子。

☞ 162. 怎样选择洋葱采种的葱头?

洋葱采种既要获得较高的种子产量,更要保证品种的纯度。提高种性,单靠采种技术是不够的,关键是选择采种用的葱头。

洋葱采种有秋季栽植葱头和春季栽植两种方法。不论哪种方法,都需要严格挑选葱头,并且在生产田洋葱生长过程中仔细观察,选择株型纯正,假茎较高,粗细适中,叶片色浓绿,长势旺,葱头膨大较快,假茎倒伏时葱头个体较大,收获时外层鳞片不开裂,无病虫为害,葱头形状、颜色具有本品种特性的葱头,单收单贮。

秋季栽植葱头,要经过 3 次选择:第一次在生产田,当植株旺盛生长时把选好的种株挂上纸牌。第二次在采收时,把挂牌的植株单收,再进行 1 次严格挑选。经过晾晒,编成辫挂在通风处。第三次栽植葱头时还要再进行 1 次挑选,剔除在贮藏期间发芽、发病、腐烂的葱头。

春季栽植的葱头,要剔除贮藏过程中发芽、腐烂、受冻或伤热的葱头。

☞ 163. 如何保持耐贮品种的种性?

为了保持耐贮品种的种性,除对繁种鳞茎在生产田及栽前严格单选外,在繁种程序上,也应采取相适应的措施。

首先,耐贮品种不适于秋栽露地越冬繁种,因为这种繁殖方法,是将夏季收获的鳞茎,秋季露地定植,从收到栽贮藏时间很短,无法淘汰种性不良的不耐贮单株。所以,长期用此法繁殖,只能使洋葱耐贮种性越来越退化。为了保持耐贮品种的种性,应采取春栽繁种法,因春栽繁种增加了选择的机会，从夏季收获鳞茎到第二年春定植，8～9 个月的时间，能充分淘汰在贮藏过程中发芽、腐烂及染病的个体，从而达到保持其种性的目的。

其次，在洋葱生产上，采用夏播小鳞茎繁殖葱头，能更好地保持耐贮品种的种性。小鳞茎繁殖，一般是 5 月份播种，7 月份收获小鳞茎，到来年春季将小鳞茎栽植于生产田，7 月份收获大葱头（大鳞茎），大葱头再保管到第三年春，定植繁种。这样从生产小鳞茎到大鳞茎繁种，经过了两个整年的时间，使选择的机会更多，更便于淘汰不耐贮藏的个体，使种性得以保持。

164. 春栽洋葱繁种应注意哪些问题？

在鳞茎不能露地安全越冬的地区，以及为了保持耐贮品种的种性，一般采取春季栽植洋葱的繁种方法。

春栽洋葱繁种应注意以下几个方面的问题：①采种洋葱冬季应放置在 5～10℃，相对湿度不大于 70％的室内贮藏。温度过高（20℃以上），鳞茎在贮藏期间不能完成春化阶段，春季定植后影响正常抽薹开花；温度过低，定植后抽薹晚而且少，花期延迟；如冬季受冻，春季缓冻后易腐烂，栽后生长势弱。所以采种洋葱冬季应注意温度管理。②春季定植前要严格进行种球选择，淘汰非本品种特性、感病、受冻过重、出芽、腐烂的个体。③及早定植，可在定植前适当催芽，定植密度和栽植方法可与秋栽相同。④采用地膜或小拱棚覆盖，促进前期生长，使之提早开花，避免花期遭雨。⑤定植后，前期管理应以提高地温为主，不旱不浇水。其他管理与正常采种相同。

165. 如何选择洋葱的采种地块?

洋葱的采种地应选择土质肥沃,保水力强的黏壤土地带为宜,同时要具备灌溉和排水条件。洋葱属异花授粉作物,昆虫传粉,所以要注意品种间的隔离。同时采种田不能毗邻洋葱生产田,以免造成病虫害的传播以及生产田洋葱的先期抽薹而影响采种质量。另外,大葱和洋葱由于染色体数目相等($2n=16$)能够串花杂交,在采种时应加以注意。总之,选择适宜的采种地段和作物布局的合理,是获得高质、高产种子的基础。

166. 采种洋葱的田间管理应注意哪些问题?

采种洋葱,由于对肥水要求比较严格,所以,定植前应在选地的基础上,深翻土地,多施基肥。每亩撒施优质农家肥 2 000～3 000 kg,过磷酸钙 15～20 kg。定植后到越冬前,根据土壤墒情可浇水 1～2 次,越冬前再浇 1 次冻水,以维持越冬期间的土壤水分,但浇水不宜过大。冬季寒冷地区,采种田要设置风障,地面覆盖枯草落叶、马粪等,以保证鳞茎安全越冬。

越冬返青后,要浇返青水,并结合浇水每亩施硫酸铵 15 kg,或顺水追施施量的腐熟人粪尿。在植株抽薹和开花期再分别追一次肥,开花前以氮为主,每亩可追硫酸铵 30 kg 或尿素 15 kg;开花后以增施磷、钾肥为主,每亩可追复合肥 25 kg。抽薹前要适当控水,中耕保墒,防止花薹徒长和倒伏。抽薹开花后,应保持土壤湿润,不可缺水缺肥,否则种子不饱满,降低种子产量和质量。为防止风害和花薹倒伏,抽薹后至开花前应在垄间或畦间设立支柱,拉上绳子护蔓,以提高种子质量。

☞ 167. 何谓洋葱种子采收适期？采收后应注意什么？

洋葱盛花期后 20 天左右,花球顶部有少数蒴果变黄开裂时,为采收适期。采收应分批进行。由于一个花球上的花期长达 20 多天,所以有必要在采收后再进行后熟。即采收时,从花球以下 30 cm 处剪断,放在通风良好的地方后熟。后熟期间避免阳光暴晒,经过 1 周后剪掉花薹再进行晾晒,干燥后脱粒,脱粒后适当晒种,使其充分干燥后装袋,挂在通风处保存。采种田一般每亩可产种子 50～100 kg。

洋葱种球采收后,遇到阴雨天,空气湿度大,可放在芦苇席上或筛子上,薄薄铺一层,在通风处使其逐渐干燥,切不可烘干。

☞ 168. 影响洋葱采种产量的主要因素有哪些？

影响洋葱采种产量的主要因素是开花期遇雨。洋葱开花后降雨不仅能把花粉冲走,即使还没开裂的花药遇到连续 3～4 天的降雨,也会影响花粉的发芽力。洋葱的花粉耐湿性很差,花粉粒吸水后能自行崩裂解体。一般花粉放在水中浸泡 5～10 min,就会丧失受精能力。所以,洋葱采种应尽量避免花期遇雨。特别是连续 3 天以上的降雨,对采种产量影响更大。有关资料认为,开花期降雨量在150 mm以上的地区,不适于洋葱采种。

另外,洋葱开花和种子将要成熟时,如果连续降雨往往会诱发黑斑、霜霉或灰霉病的发生而影响种子的形成。

所以,开花期降雨量的多少和持续时间的长短,是影响洋葱采种产量的主要因素。

169. 大棚繁种为什么能提高洋葱采种产量?

由于制约洋葱采种量的主要因素是洋葱采种时花期遇雨。所以,如何克服采种田花期遇雨或人为地改变环境条件,使其花序免遭雨淋,已成为采种技术的关键。大棚采种正是克服花期降雨过多,影响洋葱采种量而采取的有效措施。

在北方寒冷地区,春季采用大棚繁种,定植期可提前一个月,花期可提前15～20天。定植后,前期以保温为主;进入4月中旬外温升高,逐渐开始放风;当外界气温稳定在17℃以上时,将大棚四周所围塑料全部卷上或撤去。一般5月下旬进入开花期,由于此期大棚顶部铺有薄膜,降雨不会淋到花序上,对花粉正常受精不会造成不良影响;又由于四周有一定高度,便于通风,不会造成高温为害,同时也不影响昆虫的活动。所以,大棚采种的产量明显高于露地采种的产量,而且千粒重和发芽率也明显提高。

七、病虫害防治

170. 洋葱缺氮、缺磷等生理病害有何症状?应如何防治?

(1)缺氮　氮素不足,植株的生长受到抑制,先从外叶开始黄化,严重时会全株枯死。在鳞茎膨大以前,是植株进行旺盛的营养生长,为鳞茎的膨大打基础的阶段,对氮素的要求较高，此时是供氮的关键时期。鳞茎开始膨大以后，如氮素供应不足，会使鳞茎的膨大受阻。

(2)氮素过剩　氮素吸收过剩，叶色深绿，发育进程迟缓，地上部分“贪青”生长，延迟鳞茎的成熟，而且易感染病害。当氮素供应过多时，鳞片内部的水溶性氮积累过多，就表现缺钙，也就易发生心腐和肌腐。

(3)缺磷　在幼苗期缺磷，株高降低，叶数增加受到抑制，根系发育不良，在鳞茎膨大期缺磷会减产。出现缺磷症状以后，再向土壤中追施磷肥是无济于事的，必须在基肥中配加磷肥，可用磷酸二氢钾进行叶面喷施来应急。

(4)磷过剩　磷吸收过剩时，鳞茎外部的鳞片会发生缺钙现象，内部鳞片会缺钾，茎盘会缺镁，从而会引起心腐、肌腐和根腐等生理病害。

(5)缺钾　苗期缺钾，当时无明显症状，但会对以后的鳞茎膨大产生影响。在鳞茎膨大期间缺钾，容易感染霜霉病，而且会降低耐贮性。一般来讲，在洋葱达到最大高度时，要控制氮肥，同时增施钾肥。

(6)缺钙　钙的吸收不足，会影响根系和生长点的发育，降低组织内部碳水化合物的含量，使鳞茎的膨大受阻，产量降低，品质下降，同时导致心腐病和肌腐病。

(7)缺硼　生长不良，叶片弯曲，内叶黄色与绿色相间，质地变脆，叶鞘部分发生梯形裂纹，鳞茎疏松。发现发病后，可在叶面喷施 0.1%～0.2%的硼酸溶液，在土壤中每亩使用 1 kg 硼砂，但要注意，施用过量会发生烧根。

(8)缺镁　嫩叶的先端变黄，继而向基部扩展，严重时整株枯死。发现缺镁以后，可在叶面喷 1%的硫酸镁溶液，连续 2～3 次，可以应急。

☞ 171. 洋葱软腐病如何防治?

洋葱的软腐病不仅为害洋葱,而且为害白菜、甘蓝、芹菜等蔬菜。在田间及贮藏期间都可能发生软腐病。生长期间染病,第1～2片叶下部出现灰白色半透明病斑,叶鞘基部软化以后,外叶倒伏,病斑向下发展,鳞茎的颈部呈水渍状凹陷,不久鳞茎的内部腐烂,汁液外溢,有恶臭味。贮藏期多从颈部开始发病,鳞茎呈水渍状崩溃,流出白色汁液。病菌在病残体及土壤中长期腐生或在鳞茎上越冬。通过雨水、灌溉水或葱蓟马等昆虫传播,从伤口侵入。植株营养不良、管理粗放、栽培地势低洼及连作发病严重,收获时遇雨,鳞茎上带土,易引起贮藏及运输期间发病。

防治方法:见大葱软腐病。

☞ 172. 洋葱颈腐病如何防治?

洋葱颈腐病多发生在鳞茎的成熟期或贮藏期。除洋葱以外,也可侵入其他葱蒜类蔬菜。生长期间染病,在叶鞘和鳞茎的颈部,出现淡褐色病斑,内部组织腐烂,潮湿时有灰色霉层。贮藏期间,在鳞茎顶及肩部出现干枯稍凹陷病斑,变软,淡褐色,鳞片间有灰色霉层。后期有黑褐色小菌核。低温高湿条件利于发病。收获期遇雨,鳞茎表皮未干,贮藏地湿度较大,都容易发病。

防治方法:选择抗病品种,与其他类蔬菜实行轮作;收获后及时清除残体;浇水时不可大水漫灌,雨后注意排水;不过多施用氮肥;收获后充分干燥后再贮藏;生长期间可喷药防治,药剂可用50%速克灵可湿性粉剂1 000～1 500倍液。或用75%可湿性粉剂600倍液,或40%多菌灵胶悬剂

800 倍液，或 70%甲基托布津可湿性粉剂 1 000 倍液。每 7～10 天喷 1 次，连续喷 2～4 次。

☞ 173. 洋葱炭疽病如何防治?

此病主要为害葱蒜类蔬菜。叶片染病，出现近菱形或不规则形病斑，淡灰褐色至褐色，表面有许多小黑点，病部扩大后引起地上部枯死。鳞茎发病，外侧的鳞片或颈部的下方出现暗绿或黑色斑纹，扩大后联结成较大的病斑，其上有散生或轮生的小黑点；病部凹陷，可渗入到内部而引起腐烂。此病由真菌葱刺盘孢菌侵染所致。病原菌以分生孢盘随残体在土中或鳞茎上越冬。病原菌发育温度为 4～34℃，最适宜温度为 20℃；发病温度 10～32℃，适宜温度为 26℃。分生孢子的产生需要高湿条件，且主要随雨水反溅传播，多雨年份发病严重。

防治方法：见大葱炭疽病。

☞ 174. 洋葱灰霉病如何防治?

洋葱灰霉病除为害洋葱以外，也可为害洋葱以外的其他葱蒜类蔬菜。生长期间，在叶鞘和鳞茎的颈部感染时，出现淡褐色的病斑，内部的组织腐烂，潮湿时有灰色霉层。贮藏期间，在鳞茎的顶部及肩部出现干枯稍凹陷的病斑，变软，灰褐色，鳞片间有灰白色霉层。后期产生黑褐色小菌核。受害鳞茎在感染软腐病以后腐烂变臭。病原菌为真菌。病原菌以菌丝体和菌核随病残体在田间越冬，或随鳞茎在贮藏场所越冬。空气传播，经伤口侵入。喜低温高湿，阴雨期间发病严重。收获期遇雨，贮藏时湿度较大，发病严重。

防治方法：实行轮作；收获后及时清洁田园；雨季注意排水；浇水时不要大水漫灌；不可过多施用氮肥；选用抗病品种；生长期可用药剂防治，如用 50%速克灵可湿性粉剂 1 000～1 500 倍液，75%可湿性粉剂 600 倍液，40%多菌灵胶悬剂 800 倍液，70%甲基托布津可湿性粉剂 1 000 倍液，每 7～10 天喷 1 次，连续喷 2～4 次。

☞ 175. 洋葱紫斑病如何防治？

此病发生普遍，北方多在 5～6 月份发病，南方多在4～5 月份发病。发病严重时会影响鳞茎的生长。主要为害叶，也可为害鳞茎。为害初期呈水渍状的白色点斑，病斑扩大快，迅速形成宽 1～3 cm，长 2～4 cm 的纺锤形凹陷斑，先为淡褐色，后为褐色或暗紫色，周围有黄色的晕圈，此后，有的扩大为同心轮纹斑，湿度较大时病斑上有黑褐色煤粉状霉。如病斑围绕叶或花茎扩大，可使之从病斑处折断。鳞茎发病，病部皱缩，变为淡红色或黄色，潮湿时也有霉状物。本病的特征是病斑纺锤形，上部和下部细长，病斑的颜色较深，很少发生全叶枯死，可以此与霜霉病相区分。

防治方法：见大葱紫斑病。

☞ 176. 洋葱黑粉病如何防治？

在较寒冷的地区发生，一旦发生，就会年年发病。主要在 2～3 叶的幼苗上发生。当病苗长大 15 cm 时，叶微黄，第一二叶稍有扭曲、萎蔫。在叶及未膨大的鳞茎上，生有银灰色、稍隆起的条斑，严重时条斑呈肿瘤状，表面破裂后散发出黑褐色的粉末。本病的特征是染病后期为银灰色泡状肿瘤，内部充满黑褐色的粉末。播种以后气温在 10～25℃

时发病，20℃为发病的适宜温度，超过 29℃不发病。

防治方法：用未种过葱蒜类蔬菜的地块育苗，以防苗期染病；播种前用商品甲醛稀释 60 倍液喷洒床面，每平方米用稀释的药液 75 mL，也可在播种前每平方米用 50%的福美双可湿性粉剂 1 g 处理床土；定植时选用无病的大苗。

177. 洋葱萎缩病如何防治？

从洋葱幼苗开始为害，叶片、花梗、鳞茎均可发病。发病叶片呈现淡黄色至淡黄绿色纵状条斑，黄绿相嵌，叶身扁平、波状弯曲，直至萎缩、倒伏。幼苗发病后逐渐停止生长，直至萎缩死亡。花梗发病后出现条斑、萎缩、畸形，开花数减少，严重影响种子生产。发病植株的鳞茎发生软化腐烂。

洋葱萎缩病的病原是病毒，由种子和土壤传染，通过蚜虫传播病毒汁液。蚜虫传播后，经过 4～5 天潜伏期，经 10～14 天后可以看到明显的病症。在冬季温暖、天气干燥、梅雨不多的年份发病严重。

防治方法：实行轮作；留种田块进行严格的隔离，防止蚜虫传播，生产无病种子；在无病的土壤里育苗；发现病株及时拔除，防止传播。

178. 洋葱瘟病如何防治？

洋葱瘟病在洋葱生长期间发生，主要为害叶片。叶片发病初期，产生许多白色的小点，多时一个叶片上可以产生几百个小白点。条件适于发病时，几天之内，叶片均变成褐色、腐烂，并长有灰色霉层，最后死亡。

洋葱瘟病是多种葡萄属的真菌所引起的，以菌丝体或菌核在土壤中越冬。

防治方法：与防治霜霉病相同。

179．洋葱茎线虫病如何防治？

洋葱茎线虫病发生后植株矮化，新叶产生淡黄色小斑点。鳞茎顶部与叶片基部变软，外部鳞片渐次干枯脱落，最外层的肉质鳞片撕裂成白色海绵状。病部常有其他病菌侵染，发生腐烂，并伴有臭味。病原为线虫，以卵、幼虫、成虫在土壤、病残体、病鳞茎中越冬，幼虫也可附着在种子上越冬。

防治方法：实行轮作；清洁田园；选用无病鳞茎留种；留种鳞茎采用温汤浸种，杀死线虫，45℃温水浸种 1.5 h，或用 43.5℃温水浸种 2 h。

180．洋葱的常见虫害有哪些？如何防治？

(1)潜叶蝇　见韭菜潜叶蝇。

(2)葱地种蝇　幼虫在苗期为害，蛀食鳞茎，引起腐烂，叶片萎缩或枯黄。

防治方法：参见韭菜韭菜返眼罩蚊。

(3)葱蓟马　参看韭菜葱蓟马。

(4)红蜘蛛　参考大葱红蜘蛛的防治

大　蒜

一、概　述

☞ 181. 大蒜起源于哪里？栽培状况如何？

大蒜为百合科葱属二年生草本植物，别名蒜、胡蒜，原产于欧洲南部和中亚，最早在古埃及、古罗马等地中海沿岸国家栽培，现在已遍及各地。2005 年，FAO 的统计数据表明，中国、印度、韩国、美国、埃及等国家的大蒜产量较高。

我国种蒜已有 2 000 多年历史，是种植面积最大和产量最多的国家，也是大蒜出口大国。2005 年我国大蒜产量占世界总产量的 76％以上。我国南北各地都有大蒜名特产区，如黑龙江省的阿城、宁安，吉林省的农安、和龙，辽宁省的开原、海城，河北省的永年、安国，山东省的嘉祥、安丘、苍山，陕西省的岐山，甘肃省的泾川，西藏的拉萨等。

我国蒜薹的销量也比较大。蒜薹耐贮耐运，每年北方各大中城市，都从大蒜产地购进大批蒜薹，利用气调库贮藏，北方农民也有利用土冰窖贮藏当地蒜薹的。所以蒜薹在冬季早春并不缺乏，已经实现了周年供应。

另外，利用小瓣蒜生产蒜苗在北方广大地区也很普遍；冬季生产蒜苗具有丰富的经验和悠久的历史。

☞ 182. 大蒜有哪些营养价值？

大蒜以鳞茎（蒜头）、花茎（蒜薹）和幼株（蒜苗）为主要产品，也可利用蒜头生成蒜黄。蒜头和蒜薹耐贮运，还可加工成各种制品，一年四季供应。

蒜头营养丰富，含有蛋白质、脂肪、粗纤维、维生素 C、维生素 B_2、糖分，还含有丰富的磷、铁、镁等微量元素；蒜苗中含有丰富的维生素 C。大蒜中还含有大蒜素，是蒜氨酸经蒜氨酸酶作用形成的挥发性硫化物，有特殊辛辣味，可增进食欲，并有抑菌和杀菌作用。大蒜可生食或熟食，既可做菜和调味品，又有多种医疗保健功能。

二、生物学特性

183. 大蒜由哪几部分组成？

大蒜的成龄植株，由叶身、假茎、鳞茎、花薹、茎盘、须根组成。鳞茎表层是多层干缩的叶鞘，内部是肥大的鳞芽（蒜瓣）（图 15）。

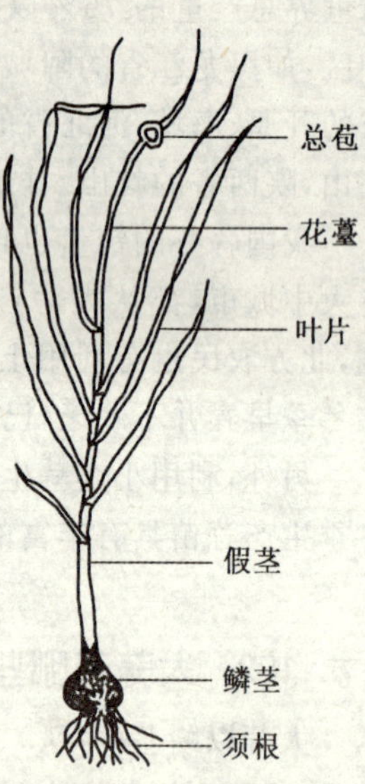

图 15　大蒜的组成

184. 大蒜的根有什么特点？

大蒜的根着生在短缩的茎盘上，为弦线状，根毛极少，吸收力弱，分布在 5～25 cm 的耕层内，横展直径 30 cm 左右，表现喜湿、喜肥的特性。大蒜用蒜瓣进行繁殖。播种前，蒜瓣基部已形成根的突起，发根部位以种瓣的背面茎盘边缘为主，腹面根量很少。一般播种后大蒜遇到适宜的条件 7 天内即可发出 30 多条须根。秋播蒜一生有 2 个发根高峰，第一高峰期在播后出苗期，形成新根15～40 条；第二发根高峰在春季旺盛生长期。

☞ 185．大蒜的茎有何特点？

大蒜在营养生长期茎短缩呈盘状，称为茎盘。茎盘的边缘和下部生根，上面为叶和芽的原始体。茎的节间极短，生长点被叶鞘覆盖，并不断分化出新叶。大蒜在低温下通过春化后，在长日条件下可从茎中心的生长点抽生花薹（蒜薹）。同时，内层叶鞘的基部开始形成侧芽，逐渐发育为鳞芽。随着植株的生长和叶数的增多，茎盘逐渐加粗，但生长量较小。蒜头长成后，茎盘组织逐渐在高温条件下木栓化，干缩硬化，形成盘踵，称为蒜瓣的托盘，有保护蒜瓣、减少水分散失的作用。

☞ 186．大蒜的叶有什么特点？

大蒜的叶由叶鞘和叶身两部分组成。叶片扁平带状，暗绿色，叶形较为直立，表面有蜡质，具有耐旱的特性。大蒜叶鞘筒状，相互抱合成“假茎”，淡绿色或绿白色。每一片叶均由先发生的前一片叶的出叶口伸出，分化晚的叶片，较先分化的叶片的叶鞘长。随着叶片增多，许多层叶鞘层层重叠包裹，加粗拔高，形成直立圆柱形茎秆状，但它不是真正的茎，故称之为假茎。大蒜的假茎支撑着上部的叶片，起茎秆的作用，是营养物质的临时贮藏器官，也是青蒜的主要食用部分。一般假茎的高度随着栽培密度的增加而加长，所以进行蒜苗栽培时多采用加大密度等措施。花茎伸出最后一片叶的叶鞘以后，叶鞘停止生长。叶鞘的长短和出口叶的粗细与抽取蒜薹的难易有关，叶鞘越长、出口叶越细的品种，蒜薹越难抽出。

大蒜叶互生，对称排列。叶的着生方向与蒜瓣背腹连线垂直。所以，播种时应将种瓣背腹连线与行向平行，这样可使叶片更多接受阳光。一般在播种时已分化了 5 片叶以上。秋播大蒜一般叶数 12～15 片，春播 9～13 片。高纬度品种叶较窄短而挺直；中、低纬度品种叶较宽长、柔软而下垂。

幼苗期假茎上下粗度相仿。鳞芽分化以后，由于鳞芽逐渐膨大，叶鞘基部随着增粗。鳞茎成熟时，因为基部所积累的营养物质内移到鳞芽，所以外层叶鞘逐渐干缩成膜状，包裹着鳞芽，使鳞芽能够长期贮存。

大蒜叶数越多，叶面积越大，维持同化功能的日数越长，对蒜薹和鳞芽的生长就越有利。所以在栽培技术上，应该掌握好栽培季节，在鳞茎形成前促进叶面积的扩大，鳞茎形成期要防止叶片早衰，才能长成大的蒜头，获得高产。

187. 大蒜的鳞茎和鳞芽有何特点？

大蒜的鳞茎（蒜头）是由多个鳞芽（蒜瓣）发育肥大而成，在植物形成学上鳞芽是茎盘上的侧芽（图 16），是大蒜的营养贮藏器官，也是无性繁殖器官。鳞茎呈圆球或扁圆球形，外层由干缩成膜状的叶鞘包裹。鳞芽外层有膜质蒜衣（蒜皮），称为保护叶；肥大的部分称为贮藏叶；向内还有分化的萌芽叶 1 片和普通叶 3～4 片。蒜瓣向外的一面为背面，另一面为腹面。

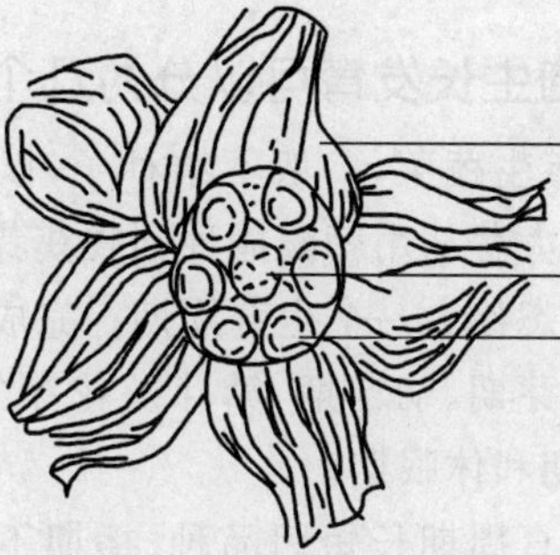

图 16　大蒜茎盘上的侧芽

188. 大蒜的花薹和花有什么特点?

大蒜花芽分化后从茎盘顶端抽生花薹(蒜薹)。花薹包括花轴和总苞两部分。当蒜薹从叶鞘中心伸出,高出上位叶片 10～20 cm 并开始打弯时,便可采摘。花薹顶端为总苞,总苞内一般由花和气生鳞茎混生。多数品种只抽薹不开花,或者可以开花但花器退化不能结实和形成种子。气生鳞茎的结构与蒜瓣没有本质区别,可作为播种材料。气生鳞茎的第一代常长成独头蒜,再用独头蒜播种,可形成分瓣的蒜头(图 17)。

图 17　气生鳞茎

☞ 189. 大蒜的生长发育可以分为几个阶段?

大蒜是1～2年生蔬菜,一般不结种子,以无性繁殖器官蒜瓣进行繁殖。大蒜从用蒜瓣播种到收获蒜头获得新的蒜瓣并进入休眠状态称为一个生育周期。完成一个生育周期需要顺序经历萌芽期、幼苗期、鳞芽及花芽分化期、蒜薹伸长期、鳞茎肥大期和休眠期。

大蒜的生长发育周期长短因品种、播期不同而异。大蒜根据栽培地的不同,可以春播和秋播。春播大蒜的生长发育,从播种到收获蒜头,在1年内完成,全生育期90～110天。秋播大蒜的生长发育情况与春播大蒜基本相同,只是幼苗要经过一个冬天,幼苗期长达半年左右,播种后要在第二年才能收获蒜头,整个生育期长达240～260天。即使在同一地区,由于品种的熟性不同,生育期也有差异。不论春播或秋播,鳞茎都是在温度升高、日照加长的条件下成熟;同一地区,即使播期不同,蒜头成熟期也基本相同,所以,播种过晚的大蒜生育期短,产量低。

大蒜的生长发育和器官形成有一定的顺序性,如果受到外界条件或本身内在原因的影响,花芽和鳞芽有时可以不分化、少分化、多分化,从而分别形成独头蒜、少瓣蒜、复瓣蒜。

☞ 190. 大蒜萌芽期应注意哪些问题?

从播种到芽鞘出土初生叶展开为萌芽期,春播蒜需15～16天,秋播蒜需7～10天。播种时蒜瓣中央的发芽叶中已经有4～5片幼叶,最先分化的(最外面的)一片叶只有叶鞘没有叶身,成为"初生叶"或"芽鞘",起着保护幼芽破土出苗的作用。栽种后，如果土壤温度、湿度适宜，则大蒜的须根由茎盘基部呈束状纵向生长，芽鞘破土长出幼叶，生长点继续分化新叶。大蒜萌芽期主要消耗种瓣中贮存的营养，为异养生长，所以，种瓣大小直接影响出土能力和幼苗长势强弱。

☞ 191. 大蒜幼苗期有何特点?

从初生叶展开到花芽鳞芽分化为幼苗期。春播大蒜约需 25 天，秋播大蒜需经越冬期，长达 170～175 天。幼苗期根系由纵向生长转向横向生长，需要吸收水分和养分以供应植株生长发育的需要。此期新叶不断分化生长，进行光合作用，合成营养物质。植株由依靠种蒜营养逐渐过渡到独立生长，种蒜因养分消耗逐渐萎缩，并干瘪成膜状，这一过程称为“退母”或“烂母”。据观察：春播大蒜播后 37 天开始退母，退母期约 19 天，紫皮蒜的鳞芽分化与退母同时开始，狗牙蒜的鳞芽分化较退母稍晚。秋播大蒜在幼苗期经历冬前生长、越冬和返青 3 个阶段，冬前生长较快，越冬期停止生长，其中部分叶片枯萎，仅保持 3～4 片功能叶越冬；翌春返青后生长加快。

☞ 192. 大蒜鳞芽及花芽分化期有什么特点?

从生长点出现花原始体开始到分化结束是大蒜的鳞芽及花芽分化期。这个时期是大蒜生长发育的关键时期，春播蒜约需 10 天，秋播蒜时期稍长。一般，花芽和鳞芽分化几乎同时进行。此期地上部和地下部生长加快，仍以叶部为生长中心，叶面积达总叶面积的 50%。生长点形成花原基，内层叶腋处分化鳞芽(侧芽)。大瓣种多形成 2 层鳞芽，小瓣种可形成多层鳞芽。分化初期鳞芽呈月牙形丘状突起，继而发育成波状突起，以后逐渐膨大成鳞芽原基。此期植株的重量增长较快，共长出 6～7 片叶，叶面积达到总叶面积的 1/2 左右。由于鳞芽和花芽的分化需要大量的养分，而此时母瓣的养分也已经耗尽，植株完全靠自养又不能适应，处于养分供求不平衡的时期，所以植株 1～4 片老叶的尖部会枯黄，称为"黄尖"现象。黄尖现象是一种必然的生理现象，但黄尖时间的长短与栽培措施密切相关，在生产上应结合大蒜植株长势，进行合理的肥水管理，以保证花芽及鳞芽的正常发育，缩短黄尖时间。

☞ 193. 大蒜蒜薹伸长期有什么特点?

从花芽分化结束到采收蒜薹为蒜薹伸长期，也是鳞芽膨大前期。春播蒜约需 30 天，秋播蒜为 32～35 天。此期营养生长与生殖生长并进，生长中心在蒜薹和叶，植株生长量最大，是肥水管理的关键时期。花芽分化后绝大多数性细胞在发育过程中死亡，花器退化。蒜薹的生长先慢后快，叶片全部长出并旺盛生长，株高和叶面积均达到最大值。在蒜薹和叶旺盛生长的同时，贮藏器官鳞芽缓慢肥大。

☞ 194. 什么是大蒜的鳞茎膨大盛期?

从鳞芽分化结束到蒜头收获为鳞茎膨大盛期。春播蒜约需 50 天，秋播蒜历时 55～60 天，但前 30～35 天与蒜薹伸长期重叠。蒜薹采收前鳞芽生长较慢，采薹后顶端生长优势被解除，养分大量向鳞芽转移，促使鳞芽迅速膨大。此时要加强肥水管理，使叶片保持旺盛的长势，以制造营养物质供鳞茎膨大的需要。生长后期，营养物质逐步下运至鳞茎，每个蒜瓣都有数层鳞片包围，外层鳞片的养分集中向最内一层的鳞片运输，最内的一层鳞片变得十分肥厚，而外面的几层鳞片则变成干瘪的膜状。由于叶片和叶鞘中的营养已转移输出，地上部逐渐枯黄、发软、重量减轻。为了使叶中贮藏养分顺利运到鳞芽，后期应该停止供水。

☞ 195．什么是大蒜的生理休眠期？

从采收蒜头到蒜瓣萌芽为止，需 20～75 天，因品种而异。生理休眠是大蒜对外界不良条件（高温、干旱等）的一种适应，也是常规贮藏的基础。在大蒜的生理休眠期，即使提供大蒜适宜的温度和湿度，蒜瓣也不会萌芽发根。生理休眠结束后，保持萌发胁迫条件可使大蒜处于强迫休眠期。如果为了使青蒜及早供应市场，提早播种，要打破休眠，一般可采用剥除包裹蒜瓣的薄膜或切除蒜瓣尖端一部分的方法。

☞ 196．大蒜生长过程中对温度有什么要求？

大蒜喜冷凉，南方地区可以露地越冬。大蒜生长适宜温度为 12～26℃。种蒜在 3～5℃开始萌芽，12℃以上萌芽迅速。幼苗期生长的适宜温度为 12～16℃；低于 5℃生长缓慢，0～3℃基本停止生长；高温下叶片易老化，纤维多，蒜苗品质降低。所以，秋播青蒜宜在春暖以前收获，保证产品柔嫩多汁。幼苗期极耐寒，可以耐－7℃的低温，能耐短时间－10℃的低温，冬季月平均最低气温在－6℃以上的地区，秋播大蒜可以在露地安全越冬。但是大蒜的不同品种对低温的耐受力不同，白皮蒜耐低温能力较紫皮蒜强。即使同是一个品种，植株不同发育阶段对低温的耐受力也是不同的，幼株在4～5叶时对低温的耐受力最强，植株过大或过小都会影响植株的耐寒力。所以秋播大蒜的越冬植株，一定要在适龄下才能安全越冬。

大蒜植株通过低温春化后才能分化花芽，抽薹和鳞茎形成则要求温凉的气候，在蒜头贮藏期间或栽种以后，经过10℃以下的低温1～2个月，除了很小的蒜瓣外，都可以分化花芽和鳞芽。如果播种期延迟，不能满足植株通过春化所需的低温，就不能形成花芽，也就不能抽薹、分瓣，以后在长日照下只能形成独头蒜。所以华北地区种春播大蒜的农谚说："种蒜不出九，出九长独头"，意思是说春蒜的栽种期必须在春分以前，"九九"之内，即冬至后81天以内，大约是3月中旬以前；过了这个时期大蒜就不会分瓣，只能长成独头。秋播的大蒜播种过早，当年感受低温而分瓣，在以后的低温下，幼小的鳞芽可以再感受低温而通过春化，第二年就会形成复瓣大蒜而失去商品价值。花茎和鳞茎形成期适宜温度为15～20℃，抽薹期为17～22℃，鳞茎膨大期为20～25℃，超过26℃，鳞茎进入休眠状态。所以，无论秋播还是春播，即使播种期相差较大，鳞茎的成熟期却相差很小，所以播种过迟会导致蒜头产量下降。

休眠期的鳞芽既耐受高温，也耐低温。为了减少损耗，以贮藏在0℃左右的低温条件下为宜。

☞ 197. 大蒜生长过程中对光照有什么要求？

大蒜的生长要求中等光照，不耐高温和强光。日照的长度影响大蒜的抽薹，大蒜的抽薹必须通过一定的光照阶段，同时一定的日照长度也是鳞茎形成的必要条件。大蒜通过春化阶段后，还需要在长日照及15～19℃的温暖气候条件下，才能通过光照阶段而抽薹，并促进鳞茎的形成。所以，大蒜无论是秋播还是春播，都要经过夏季日照时间的逐渐延长，温度逐渐升高的外界环境，才会长成蒜头。不同品种对日照时数的要求也有一定差异：北方品种对日照时数要求严格，一般要求 14 h 以上的日照；南方品种对日照时数的要求低些，一般在 13 h 左右。日照 12 h 以下的温暖环境下栽培大蒜，不能形成鳞茎，但适宜于叶的生长，可以青蒜供应市场，所以北方在夏季的长日照到来之前采收，才可以收获到优质的青蒜产品。较强的光照可以提高光合作用，但使叶片纤维增多，因此培育蒜苗产品时，适宜弱光条件，甚至可以在无光的条件下培育蒜黄。

198. 大蒜生长过程中对水分有什么要求？

大蒜叶片呈带状，叶面积小，表面有蜡质，具有耐旱的形态。但由于大蒜的根系分布范围小，根毛少，分布浅，根系吸水吸肥能力差。所以大蒜对水分反应比较敏感。适宜的空气湿度为 45%～55%。不同生长发育时期对土壤湿度的要求不同。

播种后要求土壤湿润，以利出苗。如果栽蒜地块耕得浅，水分不足，致使土壤下层坚硬，并且播种时覆土又过浅，蒜母就要"跳瓣"，造成缺苗，这是由于大蒜发根时成束立着长，蒜母被"顶"出土面，可因根际缺水干旱而死，这时就要浇水 1 次，将蒜母重新栽入土中，再覆土 1 次。

大蒜幼苗期土壤水分应该见干见湿。浇水过多，蒜种容易提早腐烂。但是在春播地区常遇春旱，土壤水分蒸发快，地面容易返碱，腐蚀蒜种，使大蒜遭受蛆害。

大蒜在叶片旺盛生长期需要较多的水分，以促进植株生长，为花芽、鳞芽的分化和发育打好基础。据测算，每亩大蒜一生需水 400～450 t。“苍山蒜”幼苗期、蒜薹伸长期和鳞茎膨大期的浇水量分别占总灌溉量的 33.3%、40.7% 和 25.9%。所以在这个时期要多浇水，催秧催节催薹快长，但在临近采薹时要控制水分，使植株稍现萎蔫，以利于将蒜薹从叶鞘中抽出而不易折断。采薹后立即浇水，促进植株和鳞茎的生长。在鳞茎膨大期，要求大量的水分，鳞茎才可较少地承受土壤压力，使养分顺利地运入鳞芽。在鳞茎充分膨大以后，即将采收时，要控制水分，促进蒜头的老熟，防止鳞茎外皮腐烂变黑和散瓣，提高其品质和耐贮力。起蒜时要浇 1 次水，使土壤湿润，便于起蒜。

199. 大蒜生长过程中对土壤营养有什么要求？

大蒜对土壤要求不严，但以土层厚度 45～60 cm 或以上、排水良好的肥沃沙壤土为适宜。土壤黏重时蒜头小而尖。大蒜对盐碱比较敏感，碱地种蒜母瓣易腐烂，秧苗黄弱，返碱时植株倒伏。此外，还要注意选择地势较高，地下水位较低的地段栽培大蒜。如果在地下水位高而且排水不良的土壤上种蒜，抽薹后要在 20 天之内就挖蒜头，否则容易发生散瓣、烂瓣的现象，同时由于蒜头膨大期短，产量降低。在地下水位较低而且排水良好的土壤中种蒜，抽薹后 1 个月才能挖蒜头，蒜头的膨大期较长，产量也高。

大蒜对各种营养元素的吸收因地区、土壤和生长发育时期不同而异。大蒜萌发期和苗期需要的养分主要靠母瓣中贮藏的养分供应，从土壤中吸收的氮、磷、钾量很少，所以在施用基肥的基础上一般不需要使用速效肥料，而用迟效性的农家肥作基肥，以改善土壤的理化性质为主，基肥必须充分腐熟。

大蒜在进入花茎伸长期后，叶片和蒜薹的生长加快，都需要较多的营养，所以这个时期一定要水肥供应充足，以保证植株长的旺盛，蒜薹长得肥，蒜头得以充分发育、膨大。施肥要氮、磷、钾齐全。根据大蒜根系弱而需肥多的特点，给大蒜施肥时应掌握少量多次的原则。鳞茎膨大后期，叶片逐渐枯黄，根系老化，吸收力减弱，吸肥量减少，一般不再追肥，特别要控制氮肥的施用，否则易导致茎开裂和散瓣。

☞ 200．蒜薹是如何形成的？

蒜薹是大蒜的产品器官之一，它的形成以花芽分化为前提，并应满足抽薹的必要条件，而花芽分化又以通过低温春化为前提。大蒜属于绿体春化作物，必须达到一定苗龄才能感受低温通过春化。目前，大蒜感应低温要求的临界苗态、临界低温和相应的低温持续时期还不十分清楚。有研究认为，将萌动的蒜瓣放在0～4℃的低温下处理30～40天，可促进萌芽和提早抽薹。

花芽分化后，在13 h以上的长日照和15～19℃较高的温度下，花薹伸长生长形成蒜薹。从花芽分化到采薹，需40～45天，花薹发育过程经历花芽分化期、花器孕育期和抽薹期。当花轴高1 cm左右时叫“座脐”，当总苞顶端露出顶生叶的出叶口时叫“露帽”、“露尾”或“甩缨”，当总苞的膨大部分露出出叶口时叫“露苞”、“外苞”或“出口”，当蒜薹的花轴向一旁弯曲时叫“打钩”，当总苞色泽变淡发白时叫“白苞”，为蒜薹采收适期。蒜薹生长前期缓慢，后期加快。从露尾到露苞只需5天，日增长量达4 cm，从出口到采收约需15天。

秋播大蒜幼苗经受长期低温，容易满足花芽分化对低温的要求，且幼苗期长，同化面积较大，为蒜薹的增长奠定了物质基础，抽薹率和蒜薹产量较高。春播大蒜若播种过晚，不能满足春化条件，必将降低抽薹率和蒜薹产量。

201. 无薹蒜是怎样产生的?

秋播大蒜都能抽薹，春播大蒜有时只能长蒜头而没有蒜薹。蒜薹是大蒜的生殖器官，在一定的条件下花芽分化后，发展成蒜薹。

大蒜的花芽分化需要一定的营养物质。这些营养物质必须在幼苗长到相当大小，又经过0～4℃的低温，历时30～40天，然后遇到13℃以上的长日照和较高温度，生长点才开始花芽分化，形成花原基，抽生花薹。

如果春天播种晚了，或者营养条件差，幼苗生长弱，花芽没有分化，或者虽然分化，因环境条件不适宜，花器没有发育，只长蒜瓣，抽不出蒜薹，就形成了无薹蒜。无薹蒜完全是环境条件的影响，与种性无关，利用无薹蒜作种蒜，只要环境条件符合要求，仍然可以生产出有薹蒜。

202. 管状叶如何形成? 如何进行防治?

大蒜管状叶的异常现象主要发生在"苍山大蒜"品种上，发生株率高达30%以上。管叶株一定叶位的叶形似葱叶，每株上可生1～3个管状叶。由于管状叶阻碍了分化晚的内部叶的生长和展开，使蒜薹细而短，蒜头小，产量降低30%左右，内层型二次生长株率和指数分别增加60.7%和112.1%；使蒜薹中干物质、总糖、维生素C、有机酸和可溶性蛋白的含量分别降低 21.4%、9.7%、14.4%、12.6%和 15.1%。管状叶的发生,与品种、生态条件和栽培技术关系密切。选用大瓣蒜种、蒜种低温处理、早播、土壤干旱均有利于管状叶发生。

防治管状叶的发生,首先应采取相应的栽培措施,如选用不发生管状叶的品种,秋播地区蒜薹和蒜头生产避免蒜种冷凉处理,选用中等大小的蒜瓣播种,适期晚播,防止土壤干旱,可减少管状叶发生。一旦发生管状叶,及时用竹签划开,可以基本消除对蒜薹和蒜头产量的不利影响,并可部分消除对蒜薹品质的不利影响。

☞ 203. 什么是大蒜的二次生长?

大蒜二次生长是蒜头收获前蒜瓣就萌发生长的异常现象。国内外对这种现象采用的名词很多,除二次生长外还有:次生蒜、马尾蒜、胡子蒜、分株蒜、分杈蒜、背娃蒜、复瓣蒜、再生叶薹、收获前萌发、母子蒜、分球、带侧枝蒜等。发生二次生长的蒜头形成畸形(彩图 16),蒜瓣排列错乱,而且易松散脱落,既达不到出口标准,又满足不了国内市场的需求,使蒜农蒙受重大经济损失。在我国秋播蒜区和春播蒜区,大蒜二次生长现象都相当普遍,发生严重的年份,有的蒜区二次生长发生株率高达 80%以上,严重影响蒜头出口任务的完成。

大蒜二次生长有不同的类型,发生的原因错综复杂。根据二次生长在大蒜植株上发生的部位,可分为以下 3 种类型:

(1)外层型二次生长　大蒜植株外层叶片的叶腋中萌生 1 至数个鳞芽,鳞芽延迟进入休眠而继续分化和生长,形成独瓣蒜,或没有花薹的分瓣蒜,或有花薹的分瓣蒜,结果在蒜头的外围着生一些排列错乱的蒜瓣或小蒜头,使整个蒜头成为畸形。这种类型的二次生长对商品品质的影响最大。

(2)内层型二次生长　在大蒜植株内层叶片的叶腋中,正常分化的鳞芽延迟进入休眠,鳞芽外围的保护叶继续生长,从植株的叶鞘口伸出,形成多个分杈。有的分杈发育成正常的蒜瓣;有的分杈发育成分瓣蒜,其中有少数分瓣蒜还形成了花薹。轻度的内层型二次生长对蒜头的外形影响不大,发生严重时,蒜薹变短,薹重降低,蒜瓣排列松散,蒜头上部易开裂,所形成的分瓣蒜外观酷似一个肥大的正常蒜瓣,常被选作蒜种,但播种后由一个种瓣中长出 2 至多株蒜苗,从而影响所生蒜头的产量和质量。

(3)气生鳞茎型二次生长　蒜薹总苞中的气生鳞茎延迟进入休眠而继续生长成小植株,甚至抽生细小的蒜薹。发生气生鳞茎型二次生长的植株,常使蒜薹短缩,丧失商品价值,但对蒜头的影响不大。这种类型的发生率一般很低。

除了上述 3 种基本的二次生长类型外,有时在同一植株上还会出现两种类型混合发生的情况。

204. 大蒜发生二次生长的原因有哪些?

据目前所知,与大蒜二次生长有关的影响因素有 8 个方面。

(1)品种遗传性　大蒜二次生长类型及发生的严重程度与品种遗传性有关。

只发生内层型二次生长,不发生外层型二次生长的品种:软叶、温江红七星、苏联红皮蒜系统的品种(“改良蒜”、徐州白蒜、鲁农大蒜、宋城大蒜等)、天津红皮、上海嘉定蒜、新疆伊宁红皮、新疆吉木萨尔白皮、青海格尔木红皮、甘肃民乐大蒜、乐都大蒜、临洮白蒜、临洮红蒜、辽宁开原犬蒜、江苏太仓白蒜、内蒙古土城小瓣、土城大瓣、延安白皮、银川紫皮、白皮狗牙蒜、黑龙江阿城白皮、阿城紫皮、广西紫皮、陕西耀县红皮、榆林白皮、商南笨黑皮、陕西陇县大蒜、清涧紫皮等。

内层型及外层型二次生长均可发生的品种:金堂早、二水早、彭县蒜、蔡家坡红皮、兴平白皮、苍山大蒜、普陀大蒜、商县黑皮、白河白皮、襄樊红蒜、毕节大蒜、山西紫皮、宝鸡火蒜、呼沱大蒜等。

不发生二次生长的品种:陕西宁强山蒜、广东新会火蒜、广东金山火蒜、广东普宁大蒜、广东韶关忠信蒜等。其中宁强山蒜如果在播种前将种瓣用 5℃ 低温处理 40 天或者在鳞茎分化期至收获期给予 8 h 短日照处理,均会发生内层型二次生长。

以上情况表明,大蒜产区对当地的大蒜品种或引进外地品种时,在了解其丰产性和商品性的同时,还应了解其二次生长情况,尽量选择不易发生二次生长,特别是不易发生外层型二次生长的品种。

大蒜二次生长类型虽然主要取决于品种的遗传性,但不同品种间的遗传稳定性有差异。一般只发生内层型二次生长、不发生外层型二次生长的品种及不发生二次生长的品种,遗传性较稳定,在田间栽培条件下,在不同年份中,均可保持其遗传特性。而内层型和外层型二次生长均可发生的品种,遗传性不够稳定,有时二者同时发生,有时只发生外层型二次生长或只发生内层型二次生长。至于二次生长发生的严重程度则与栽培技术和气候状况有密切关系。

(2)蒜种贮藏期间的温度和湿度　蒜种贮藏期间的温度对二次生长有显著影响，低温有促进作用，但不同品种对低温的反应程度有差异。

蔡家坡红皮蒜对低温(0～5℃)和冷凉(14～16℃)条件的反应最敏感，外层型和内层型二次生长均大幅度增加，其中内层型二次生长的增加幅度更大。苍山大蒜对低温和冷凉条件的反应次之，外层型和内层型二次生长也有较大幅度的增加，其中外层型二次生长的增加幅度较大。"改良蒜"对低温和冷凉条件的反应较迟钝，内层型二次生长有所增加，不发生外层型二次生长的特性仍未改变。

秋播地区蒜头收获后，多在室温下贮藏，贮藏期间不会遇到容易诱发二次生长的低温和冷凉条件。但秋季播种后，从苗期到花芽、鳞芽分化发育期都会遇到低温和冷凉条件，所以蒜种即使不进行低温和冷凉处理，也有发生二次生长的可能，只是发生的严重程度较进行过低温和冷凉处理的要轻一些。

春播地区蒜头收获后要贮藏到翌年3～4月份播种。为了使蒜头不致受冻，贮藏场所的最低温度多控制在0℃左右，在长达7～8个月的贮藏期间以及早春露地播种后的一段时间，都具备诱发二次生长的低温和冷凉条件。

蒜种贮藏场所除温度对二次生长有影响外，空气相对湿度也有影响，而且温度与空气相对湿度之间有互作关系。苍山大蒜于播种前30天在5℃和75%～100%空气相对湿度下贮藏的蒜种，秋播后，翌年外层型二次生长指数比在5℃和25%～50%空气相对湿度下贮藏的蒜种增加3.3倍；内层型二次生长指数增加1.9倍。而在15℃和25℃下贮藏的蒜种，不同空气相对湿度(25%～100%)间，无论是外层型二次生长还是内层型二次生长的发生程度均无显著差异。所以，为了减少二次生长的发生，在蒜种贮藏期间不但要避免低温，而且要避免75%以上的空气相对湿度。

(3)播种期 国内有关大蒜二次生长的报道，多认为播种期早是发生二次生长的重要原因之一。据多年的调查研究，发现播种期与二次生长的关系因品种、蒜种休眠程度、蒜种贮藏环境、播种后出苗快慢以及土壤湿度的不同而异，而且播种期早晚对同一品种的不同的二次生长类型的影响也不尽相同。

在外层型和内层型二次生长均可发生的品种中，如蔡家坡红皮蒜，在陕西关中地区，较正常播种期(9月中下旬)提早播种，同时蒜种的休眠期已结束，播种后出苗快，苗的长势强时，外层型二次生长严重发生；如果播期虽然提早，但蒜种尚在休眠状态，播种后迟迟不出苗，苗的长势弱，则早播并不会造成外层型二次生长的大发生。容易发生内层型二次生长的品种，如苍山大蒜，在陕西关中地区，播期早晚对外层型二次生长的发生无显著影响，但在10月中旬以前，晚播比早播更容易发生内层型二次生长。蒜种如果经过冷凉处理而且提早播种时，则会促进外层型和内层型二次生长的发生。

播种期对二次生长的影响还和土壤湿度有关。1991年，以苍山大蒜为试验材料所作的播种期与土壤湿度双因子试验结果表明：播种期和土壤湿度对外层型二次生长的发生影响不大，但对内层型二次生长的发生有影响。播期无论早晚，土壤湿度高(土壤相对含水量为90%)时，内层型二次生长发生株率比土壤湿度低(土壤相对含水量为50%)的极显著增高。土壤湿度高而且播期早时，对内层型二次生长的发生更有利；播期虽然早，但土壤湿度低时，则不利于内层型二次生长的发生。

因此，在研究播种期与大蒜二次生长的关系时，应综合考虑上述各种因素，从而确定当地的适宜播种期。当然，大蒜适宜播种期的确定，既要考虑防止二次生长的需要，又要兼顾生产目的的需要。在以外贸出口为主的大蒜产区，为了达到出口质量标准，播期的确定应以防止二次生长、提高蒜头质量为主要依据。

(4)蒜瓣大小　国内外有关蒜瓣大小与二次生长的关系，有 3 种不同的报道：一是，大蒜瓣的二次生长株率比小蒜瓣高；二是，小蒜瓣的二次生长株率比大蒜瓣高；三是，蒜瓣大小与二次生长之间没有多大关系。1992 年以苍山大蒜为试验材料的研究结果表明，蒜瓣大小与二次生长间的关系，因播种前蒜种贮藏条件和种植密度不同而有不同。

在室温下贮藏的蒜种，大蒜瓣(重 3～4 g)比小蒜瓣(重 1～2 g)易发生外层型二次生长，而蒜瓣大小对内层型二次生长的发生没有显著影响。播种前 25～30 天进行冷凉处理(温度为 16～17℃，空气相对湿度为 95%)，蒜瓣越大，外层型二次生长越严重；而小蒜瓣一般比大蒜瓣容易发生内层型二次生长。

种植密度(行距 22 cm，株距分 15 cm、10 cm 和 7 cm)对外层型二次生长的发生没有显著影响，但对内层型二次生长的影响很显著。稀植(行距 22 cm，株距 15 cm)对内层型二次生长的发生有极显著的促进作用，而且较小的蒜瓣(重 1～4.5 g)比大蒜瓣(重 5～6 g)容易发生内层型二次生长；密植(行距 22 cm，株距 7 cm)时，内层型二次生长株率极显著降低，而且蒜瓣越小，内层型二次生长株率越低。

总之，研究蒜瓣大小与二次生长的关系时，首先应了解品种的二次生长类型，并综合考虑蒜种贮藏条件、种植密度等因素，根据生产目的选用适当大小的蒜瓣播种，以达到产量和质量的统一。

(5)灌水　灌水时期和灌水量对大蒜二次生长的发生有重要影响。全生育期，特别是鳞芽分化以后，灌水次数多，每次的灌水量又大，土壤湿度高(相对含水量为80%～95%)，对外层型二次生长和内层型二次生长的发生都有促进作用，不过对前者的促进作用大于后者。土壤湿度低(相对含水量为50%)，外层型二次生长和内层型二次生长都不发生，但蒜薹和蒜头产量降低。

(6)施肥　在施用有机肥作底肥的基础上，氮肥的使用量和使用次数对二次生长也有影响。氮肥施用量大，二次生长株率增高。同样数量的氮肥，施用次数不同时，二次生长的发生情况也不同。据试验，每亩施尿素30 kg，分别在播种期、烂母期和返青期各施1/3的处理区，外层型二次生长和内层型二次生长都比分两次在播种期和退母期各施1/2，或在播种期作为基肥施用的处理区增多。陕西大蒜产区的农民认为，早春大蒜返青后施用的速效性氮肥量越多，二次生长越严重。

(7)覆盖栽培　大蒜覆盖栽培有两种方式，一种是地膜覆盖栽培，另一种是塑料拱棚覆盖栽培。目前应用较普遍的是前一种方式。生产实践证明，大蒜地膜覆盖栽培有增产增收的效果，但有时会出现二次生长增多，蒜头形状不整齐，蒜瓣数增多，蒜薹短缩、发育不正常等现象，究其原因是与地膜覆盖后土壤温、湿度及养分的变化有关。

秋播地区，覆盖地膜后，土壤温度上升，含水量提高，有效养分增多，肥力增高。所以，大蒜的整个生育进程都提前，植株生长旺盛，花芽和鳞茎分化期提前。花芽和鳞茎分化后常处于日照时间较短，土壤温度、湿度适宜及多肥等有利于二次生长发生的环境中，使二次生长增多。

春播地区由于同样的原因，植株生长旺盛，但经受的低温程度和低温持续期不够，花芽和鳞芽分化期推迟，蒜薹和蒜瓣发育不正常，从而产生蒜薹短缩、苞叶特别长、不能伸出叶鞘、二次生长增多、蒜头畸形、蒜瓣数增多等现象。

实行薄膜拱棚覆盖栽培时，覆盖时间和去膜时间对二次生长都有影响，秋播大蒜早春盖膜时间早，去膜时间晚，二次生长增多。

(8)气候　大蒜二次生长发生的程度，在不同年份往往有很大的差异。有关气候包括温度、降水、空气湿度、日照等因素的变化与二次生长关系的研究还很不够，就现有研究资料来看，以花芽和鳞芽分化为中心的气候状况，对二次生长的发生有较大的影响。秋播地区冬季温暖，植株生育迅速；早春气温回升快，花芽和鳞芽分化早，分化后日照较短，如果又遇连续降温和降雨天气，土壤湿度大，温度低，鳞芽再次感应低温，再次分化出鳞芽和花芽，以后在长日照高温条件下形成二次生长植株。

此外，大蒜在花芽和鳞芽分化期地上部或地下部受到损伤，对二次生长有促进作用。

☞ 205. 如何防止大蒜的二次生长?

大蒜产区，特别是商品蒜出口基地，对当地主栽品种的二次生长类型要有所了解。从外地引种时，最好进行以防止二次生长，特别是外层型二次生长为主要目的的品种试验。秋播地区可在栽种前将蒜种放在地道(16～17℃)或冰箱(0～5℃)中处理 30 天左右，并适当提早播种；收获时调查统计不同类型二次生长株率和指数，则可比较准确、快速地筛选出对诱发二次生长条件反应不敏感的品种。如果采用常规办法，连年种植观察，由于各年的气象条件不一定对二次生长的发生有利，所以不易正确判断其二次生长特点，而且费时费力。当然，大蒜品种的选择还要考虑生产目的及其他经济性状。

蒜种贮藏场所应保持 20℃以上的温度和 75%以下的空气相对湿度。秋播地区宜在通风良好的室内挂藏，春播地区要解决蒜种贮藏期间低温期过长的问题。以生产商品蒜头为主要目的时，不可盲目提早播种。尤其是不可为了促进播种后快出苗而将蒜种进行冷凉处理或低温处理。应根据不同大蒜品种二次生长的特点，经过不同年份的田间试验，确定适宜的播种期范围。容易发生外层型二次生长的品种，如蔡家坡红皮蒜，应适期晚播；易发生内层型二次生长的品种，如苍山大蒜，应适期早播。

根据不同品种的二次生长特性、不同的生产目的，选择大小适宜的蒜瓣播种，并采用适宜的种植密度。例如，苍山大蒜以生产商品蒜头为主要目的而选用大蒜瓣（重 5 g 以上）播种时，要适当密植，采用行距 22 cm、株距 10 cm，大蒜瓣稀植时，对内层型二次生长的发生有促进作用；以生产蒜薹为主要目的时，采用行距 22 cm、株距 7 cm，不但可提高蒜薹产量，而且可减轻内层型二次生长的发生。

基肥采用有机肥和氮磷钾复合肥。用速效性氮肥作追肥时，忌多次多量施用，特别是返青期要少施或不施速效性氮肥。全生育期，特别是花芽和鳞芽分化期，不要多次大量灌水。当然，大蒜的水、肥管理与其他技术措施一样，应将丰产与优质通盘考虑，争取在最大限度降低二次生长的同时，达到丰产丰收和优质。

此外，大蒜实行覆盖栽培时，应注意以下几点：

第一，秋播大蒜的播种期应比不覆盖栽培的推迟 5～

10 天，使苗期生长不过旺，使花芽和鳞芽分化后处于温度持续升高和日照时间逐渐加长的环境中，以利花薹和鳞芽的正常发育。春播大蒜的播种期应比不覆盖栽培的适当提早，使生育的各个时期提前，使分化后的花芽和鳞芽在高温、长日照条件来临以前有较充分的生长时间，以后在高温、长日照条件下顺利抽薹和形成鳞茎。

第二，施用长效性有机肥和化肥作基肥，在做畦时 1 次施入。氮肥用量较不覆盖栽培者减少 1/3 左右。磷、钾肥用量与不覆盖栽培相同。揭膜前不施追肥。

第三，采用塑料薄膜拱棚覆盖栽培时，无论秋播或春播，盖膜时间不宜太早，使苗期经受足够的低温，促进花芽和鳞芽分化。最好在花芽和鳞芽开始分化后盖膜，以提高棚内温度，与此同时，日照时间逐渐加长，花芽和鳞芽可正常发育。揭膜时间不可过迟，一般当气温稳定在 15℃以上、蒜薹行将露出总苞时，便可揭去棚膜或地膜。揭膜时间晚，二次生长增多，同时花薹迅速生长时气温和地温过高，对花薹发育不利，畸形蒜薹增多。

第四，田间操作时尽量避免对植株的地下部或地上部造成机械损伤。

206. 散瓣蒜是怎样形成的？如何防治？

蒜头的外面原来是由多层叶鞘（蒜皮）紧紧包裹着，蒜瓣不易散裂。如果包被蒜头的叶片数少、蒜瓣肥大时会将叶鞘胀破，或因叶鞘破损、腐烂导致蒜瓣外部压力减小，或蒜头的茎盘发霉腐烂使蒜瓣与茎盘脱离，这些都会造成蒜头开裂、蒜瓣散落的现象。产生这种现象的原因有以下几个方面：

(1)品种特性　蒜头的外皮薄而脆的品种,外皮很容易破碎,易造成蒜瓣散落。

(2)地下水位高,土质黏重　在地下水位高、土质黏重的地块种植大蒜,由于排水不良、土壤湿度大,叶鞘的地下部分容易腐烂,造成裂头散瓣。可采用高畦栽培或选择地下水位较低的壤土或沙质壤土栽培。实行地膜覆盖栽培时,应在蒜瓣萌芽期分 2 次将畦面轻轻拍实,然后覆盖地膜,使苗的生长稳定,以免蒜瓣露出地面,发生裂头散瓣。

(3)播期不当　播种期过早时,在蒜头膨大盛期植株早衰,下部叶片多变枯黄,蒜头外围的叶鞘提早干枯,蒜头肥大时易将叶鞘胀破,造成裂头散瓣。播种过晚时,花芽分化时的叶片数少,蒜头膨大时也容易将叶鞘胀破。播种期适宜时,花芽分化时有较多的叶片,可以较好地保护蒜头。

(4)田间管理措施不当　中耕、灌水、追肥不当都会引起裂头散瓣。

秋播大蒜早春返青后,要浅中耕;蒜头肥大期应停止中耕,以免损伤蒜头外皮。蒜头收获前半个月左右浇水过多或降雨过多或排水不良时,由于土壤湿度大,地温又高,蒜头外皮容易腐烂,造成裂头散瓣。所以,收获前应根据土壤墒情和天气情况,适当控制灌水,并做好开沟排水工作,降低土壤湿度。

植株生长期间要避免多次大量施用速效性氮肥,防止由于发生二次生长而造成的裂头散瓣。已发生二次生长的植株要适当提早收获,否则易裂头散瓣。

(5)采收时期及方法不当　过早抽取蒜薹或抽蒜薹时蒜薹从基部断裂,造成蒜头中间空虚,也容易散瓣。

蒜头采收过迟,蒜头外皮少而薄,特别是当土壤湿度大时,外皮易腐烂,茎盘易枯朽,造成裂头散瓣。除了要掌握蒜头成熟期标准外，蒜头收获后应及时将根剪去，则残留在茎盘上的根在干燥过程中呈米黄色，而且坚实紧密，对茎盘起保护作用，不易散瓣。

(6)蒜头收获后遇连阴雨　蒜头收获后遇连阴雨无法晒干时，如果堆放在室内，茎盘易霉烂，造成散瓣。量少时可将大蒜植株移至室内，蒜头朝上摆放在地上晾。量多时可将蒜头朝下摆在秫秸架上，上面用苫席和防雨布遮盖，周围挖排水沟，待雨停后立即揭席通风。

(7)贮藏方法不当　蒜头经晾晒后移至室内挂藏时，如果过于拥挤，而且离地面又近，在多雨季节蒜头会返潮，茎盘发霉腐烂，引起裂头散瓣。

三、类型与品种

207. 大蒜有哪些类型?

大蒜品种资源丰富，各地都有名优品种，但国内外尚无统一的分类方法。在大蒜品种的长期演化过程中，产生了许多类型品种和品系。现多以以下 6 种方法划分大蒜的类型。

(1)按大蒜外皮的颜色划分　按大蒜鳞茎外皮的色泽分为紫皮大蒜和白皮大蒜。

紫皮蒜蒜头和蒜瓣的外皮为紫色和紫红色，多数品种鳞茎外层总包皮颜色较淡，有的呈紫红色条纹(彩图 17)。其蒜瓣少(4～9 瓣)而大，属大瓣种；蒜薹肥大，叶片较宽，蒜汁黏稠，辛辣味浓，品质较佳，适用于生食、熟食及腌制糖蒜；产量高，多用于蒜头和蒜薹栽培。紫皮蒜分布在华北、西北、东北等地，耐寒力弱，生长期短，多春季播种，成熟期较晚。

白皮蒜鳞茎的总包皮和鳞瓣包皮均为白色或灰白色（彩图 18）。白皮蒜有大瓣种和小瓣种。多数品种抽薹力弱，蒜薹产量低。但有的品种花茎产量很高。白皮蒜叶片较窄，蒜瓣较瘦，瓣数 8～12 瓣；辛辣味较淡，最适于腌制糖醋蒜；多用于蒜苗栽培。多数白皮蒜冬性强，比紫皮蒜耐寒，多秋季播种。

（2）按有无蒜薹划分　大蒜根据蒜薹的有无，可分为无薹蒜和薹瓣兼用蒜两种。有蒜薹是指可以正常抽薹的大蒜，其适应性广，种植面积大，全国各地都有栽培。无薹蒜早熟质优，但由于不产蒜薹，产值较低。

（3）按蒜瓣大小划分　大蒜按鳞茎中蒜瓣的大小可分为大瓣种和小瓣种两种。大瓣种有蒜瓣 4～8 个，每瓣蒜大小比较均匀，蒜瓣肥大，外皮容易剥落，蒜薹粗而长，辛辣味较浓，产量高，以收蒜薹和蒜头为主。小瓣蒜又称狗牙蒜，有蒜瓣 10～20 个，蒜瓣大小不均匀，细长，外皮不易剥落，辛辣味较淡，适合用作蒜苗栽培。

（4）按叶形及质地划分　大蒜按叶子不同的形态与质地可划分为宽叶蒜和狭叶蒜、硬叶蒜和软叶蒜。

（5）按生态特性划分　大蒜按其生态特性可划分为春性蒜和冬性蒜。春性蒜蒜瓣小而多，春播或近冬播，一般不抽薹。冬性蒜蒜瓣大而少，秋播可抽薹。

（6）按成熟期早晚划分　大蒜按成熟期早晚可划分为早熟种和晚熟种。

208. 大蒜有哪些名优品种?

(1)苍山大蒜　山东省苍山县地方品种,是山东省传统名特蔬菜之一。其特点是,蒜头大,蒜瓣少而大,蒜皮薄且洁白,蒜味香浓,蒜汁黏稠,蒜薹粗而长,蒜头和蒜薹产量高,适应性强,在国内外久负盛名。苍山大蒜又分为3个品种。

①蒲棵蒜　蒲棵蒜又称笨蒜,其栽培历史悠久,是目前苍山县蒜区种植面积最大的秋播品种。植株生长势强,株形直立,植株高80～90 cm,茎直径14～15 cm,株幅36 cm。假茎高35 cm左右,粗1.4～1.5 cm。叶片呈条带状,叶色浓绿,互生,扇形排列。蒜头近圆形,横径4～4.5 cm,形状整齐,单头重35g左右,重者达40 g以上。每个蒜头有6～7个蒜瓣,瓣大而瓣形整齐;外皮薄,呈白色;蒜衣2层,瓣内皮色显粉红色;单瓣蒜均重3.5 g左右。大蒜辣味较浓,品质上等。蒜薹绿色,蒜薹长60～80 cm,粗0.46～0.65 cm,单薹重25～35 g,质嫩,味佳。产量高,一般亩产蒜薹500 kg左右,蒜头800～900 kg。生育期240天左右,属于中晚熟品种。耐寒性较强,较抗病。

②糙蒜　糙蒜植株高80～90 cm,假茎高35～40 cm,粗1.3～1.4 cm。叶片颜色较浦棵蒜淡,为淡绿色,叶片也较浦棵蒜稍窄,长势比浦棵蒜略差。蒜头近圆形,白皮,单头重35 g,重者达40 g。每个蒜头有4～5个蒜瓣,瓣大而整齐。生育期230～250天,比浦棵蒜早熟5～7天,长势旺盛,具有一定的丰产性。耐寒性较浦棵蒜略低,蒜薹的产量与浦棵蒜基本相当。

③高脚子蒜　高脚子蒜属于笨蒜的一个品系,主要特

征是长势强，植株高大，株高 85～90 cm，高者达 1 m 以上；假茎高 35～40 cm，粗 1.4～1.6 cm。叶片肥大，叶色浓绿，茎秆粗壮。蒜头近圆形，皮白色。蒜头大，单头重35 g 以上。每个蒜头有 6 个蒜瓣，瓣大而高，故称“高脚子”。瓣形整齐，蒜衣白色，辛辣味浓，可生食、腌渍和脱水加工。抽薹性好，蒜薹粗而长，长 35～55 cm，粗 0.7 cm 左右。一般每亩产蒜薹 500 多 kg，产蒜头 900 多 kg，蒜薹和蒜头产量在 3 个品种中是最高的，适宜作丰产栽培。本品种为晚熟品种，生育期 240 多天，适应性强，较耐寒。

(2)改良蒜　山东农业大学园艺系已故李家文教授 1957 年从前苏联库班蔬菜研究所引进，现已大面积推广；目前山东省种植较多，是我国目前大蒜出口及内销的重要品种之一。改良蒜植株高 93 cm，株形开张，株幅 40 cm 左右；假茎高 36 cm 左右，粗 1.5～2.0 cm。叶片为黄绿色，有白粉。蒜头扁圆形，外皮淡紫色至紫色，干燥后外皮呈灰白色带紫色条斑。单头重 55 g 左右，蒜头横径 5.5 cm，有 80%～90%的蒜头直径大于 5 cm，瓣形整齐，符合出口标准。每个蒜头有 12～13 个蒜瓣，分两层排列，外层 6～7 瓣，内层 5～7 瓣，外层蒜瓣肥大且瓣形整齐，内层瓣小且不整齐，平均单瓣重 4.5 g 左右。蒜衣一层，淡红黄色，基部带紫色条斑，较薄，有光泽，易剥离。蒜瓣形状较独特，腹面的上部隆起，下部凹入，容易与其他品种区别。肉质较疏松，辛辣味较淡。抽薹率一般为 60%～65%，高者可达 80%左右，蒜薹黄绿色。蒜薹长 45 cm 左右，粗 0.7 cm，单薹重 13 g，纤维少，品质优。生长期 260 天左右。休眠期短，不耐贮藏。该品种适应性较强，在山东、山西、河南、陕西、江苏等秋播地区种植，普遍表现其丰产特性。该品种另一个特点是个体增产潜力大，在肥水充足、科学管理的条件

下，蒜薹和蒜头产量可大幅度提高。一般每亩产蒜头1 700 kg左右，产蒜薹150 kg左右。

从苏联红皮蒜中定向选育而成的新品种有：山东的"鲁农大蒜"、河南的"宋城大蒜"、江苏的"徐州白蒜"。

①鲁农大蒜　山东农业大学从苏联红皮大蒜中定向选育而成。植株长势强，株高80 cm左右，株形开张。全株叶片数13片。蒜头扁圆形，横径5 cm左右，形状整齐，外皮灰白色带紫色条斑，单头重50 g左右。每个蒜头有瓣数10～13个，分两层排列，外层6～7瓣，蒜瓣肥大；内层4～6瓣，为中小蒜瓣。抽薹率80%以上，蒜薹长60 cm左右，粗0.7 cm左右。休眠期短，播种后出苗快，苗期生长快，可利用中小瓣进行密植作蒜苗栽培。

②宋城大蒜　宋城大蒜又称围蒜，是河南农民从"苏联二号"大蒜中挑选优株，经多年选育而成。由于一直在河南开封、中牟一带栽培，所以称为"宋城大蒜"。植株生长势强，叶色深绿，叶片宽厚，株形开张，蒜头直径5 cm左右，单头重50 g左右。抽薹率70%左右，肥地抽薹率可达90%以上，蒜薹短而细，平均单薹重5 g左右。一般每亩产蒜薹150 kg左右，蒜头1 750 kg左右。主要用作蒜头栽培，也可作冬前早熟蒜苗栽培。

③徐州白蒜　徐州白蒜是江苏省徐州地区的名特大蒜品种。因蒜头大，内层皮色洁白，商品性好，深受国际市场欢迎，成为该地区出口的主要农副产品之一。其植株形态特征、蒜头及蒜瓣形态特征以及生物学特性酷似苏联红皮蒜。

(3)嘉祥大蒜　山东省嘉祥县地方品种，是当地出口的传统名土特产品种。植株长势中等，株高95 cm，假茎高40 cm左右，粗1.6～1.8 cm。叶片狭长，直立，叶片表面有白粉。蒜头外皮紫红色，直径 5 cm 左右，单头重 30～50 g。每个蒜头的蒜瓣为 6～8 瓣，较肥大。蒜衣紫色，蒜头大小均匀，平均单瓣重 5 g 左右，肉质脆嫩，香辣味浓，蒜泥黏稠，品质优。抽薹性好，蒜薹长 65 cm，粗 0.7～0.8 cm。一般每亩产蒜薹 500 kg 左右，蒜头 1 000 kg 左右。生育期 250 天左右。蒜头耐贮藏，在室温下存放时，一般到翌年 3 月才开始发芽。

(4)嘉定大蒜　上海市嘉定县名优大蒜品种。嘉定县是我国大蒜出口历史长、出口量大的大蒜生产基地。嘉定大蒜包括两个品种即嘉定 1 号与嘉定 2 号。

嘉定 1 号大蒜又称嘉定白蒜。植株高 80 cm，株幅 30 cm；假茎高 30 cm 左右，粗 1.3 cm。植株生长势强，适应性广，抗逆，抗寒。蒜头扁圆形，横径 4～5 cm，形状很整齐，外皮白色，单头重 30 g 左右。每个蒜头有蒜瓣 6～8 瓣，分两层排列，内、外层蒜瓣数及重量差异很小。蒜瓣形状、大小整齐，平均单瓣重 4 g 左右。蒜衣 2 层，色洁白。抽薹性好，蒜薹绿色，长 43 cm，粗 0.5 cm，单薹重 14 g。每亩产蒜薹 250～300 kg，产蒜头 600～700 kg。生育期 240～245 天。

嘉定 2 号又名嘉定黑蒜。其特点是叶色深绿，叶身较宽，蒜薹粗而长，蒜头大，味稍淡，是目前该产地的主栽品种。株高 86 cm，株幅 33 cm，株形较嘉定 1 号略开张。假茎高 41 cm 左右，粗 1.4 cm。叶片较肥大。蒜头扁圆形，横径 4 cm，形状很整齐，外皮白色，单头重 30 g 左右。每个蒜头有蒜瓣 6～8 瓣，分两层排列，蒜瓣形状、大小整齐，内、外层蒜瓣数及重量差异很小，平均单瓣重 4 g 左右。蒜衣 2 层，白色，基部带紫色；蒜衣紧包瓣肉。抽薹性好，抽薹率接近 100%。蒜薹深绿色，长 51 cm，粗 0.7 cm，单薹重 15 g。

每亩产蒜薹 350 kg 左右，产蒜头 650～750 kg。生育期240 天，成熟较嘉定 1 号稍晚。

(5)蔡加坡大蒜　蔡加坡大蒜也称蔡加坡红皮蒜，又名火蒜。陕西省岐山县蔡加坡镇地方品种，是该县驰名省内外的大蒜良种。该县也是山西省生产蒜种的重要基地。植株高约 85 cm，株幅 30 cm 左右。假茎高 33～34 cm，粗1.5～1.6 cm。叶色深绿，叶片宽大，叶鞘较长。蒜头扁圆形，横径 4.5～6 cm，外皮浅紫红色，平均单头重 40 g 左右。每个蒜头有蒜瓣 8～12 瓣，分两层排列，内、外层蒜瓣数及重量差异很小。蒜瓣形状、大小整齐，平均单瓣重3.5 g 左右。蒜衣 2 层，淡紫色。该蒜质脆、味浓，品质好，宜生食和加工。其抽薹性好，蒜薹粗而长，长约 45 cm，粗约 0.8 cm，抽薹率 100%，抽薹较整齐，上市早。该品种较耐寒，抗病，耐贮藏。该品种主要用作早蒜薹栽培，同时由于植株生长势强，叶片肥大，假茎粗而长，还适合作早蒜苗栽培。每亩产蒜薹 500 kg，产蒜头 750 kg 左右。如栽培早蒜苗，亩产3 000～35 000 kg。

(6)茶陵大蒜　湖南省茶陵县地方品种，是湖南省大蒜栽培面积最大的品种，属紫皮蒜。株高 61～66 cm 左右，植株生长势中等，叶色深绿。蒜头扁圆形，高约 2.3 cm，横径5.9 cm，平均单头重 56 g 左右。瓣较大，每个蒜头有蒜瓣11～12 个。香辣味浓，品质好。该品种耐涝、耐寒、耐热、耐贮藏，抗病虫害。在当地为中熟品种。

(7)川西大蒜　川西大蒜是四川省西部传统的特色蔬菜之一，每年栽培面积很大，远销国内外。川西大蒜的品种很多，有蒜苗、蒜头兼用种；蒜薹、蒜头兼用种；蒜苗、蒜薹、蒜头兼用种 3 个类型。

①新都大蒜　蒜苗、蒜头兼用种。植株高 86 cm，株幅

15.3 cm。假茎高 41 cm 左右，粗 1.5 cm。叶片肥厚，叶色鲜绿，质地柔软，叶片上部向下弯曲，出苗后生长快；叶鞘粗而长，香味浓，品质佳，所以是理想的蒜面栽培品种。耐热，不宜生蒜薹。蒜头呈短圆锥形，外皮淡紫色，单头重 25 g 左右。每个蒜头约有 13 个蒜瓣，一般分 4 层排列，少数为 7 层，最外层多为 2～3 瓣，第二、三层各位 3～4 瓣，第四层(最内层)多为 2～3 瓣，平均单瓣重 2.5 g。蒜形状和大小不整齐，第四层内的蒜瓣很小，似“楔子”，对单头影响不大。瓣衣 2 层，紫色，紧包蒜瓣，不易剥离。该品种是典型的半抽薹品种，适应性强，不易退化。

②蒜薹、蒜头兼用种以二水早、温江红七星、彭州蒜为代表。

二水早　四川省成都市郊彭州市地方品种。植株高 74 cm，株幅 15 cm，假茎高 33 cm 左右，粗 1.2 cm。植株生长势强，生长快，苗期长势旺，抽薹早。蒜头圆形，中等大小，外皮淡紫色，横径 3～4 cm，单头重 13～16 g。每个蒜头有 8～9 个蒜瓣，多分两层排列，外层为 6 瓣，内层为 2～3 瓣，平均单瓣重 1.8 g。瓣衣 2 层，紫红色，较厚。辛辣味浓，产量高。蒜薹抽薹率 95% 左右。蒜薹长 42 cm，粗 0.6 cm，平均单薹重 12 g，味浓，品质好。生长期 210 天左右，属中早熟品种。耐寒性较强，耐热，抗病力较强，不早衰，适应性强。湖南、湖北、江苏、广西、江西等南方省、自治区引种后反映良好。一般每亩产蒜薹 400～500 kg，干蒜头 300～400 kg。

温江红七星　又名硬叶子、刀六瓣，四川省成都市郊区地方品种，是温江著名土特产之一。中熟品种，生育期 230 天左右。植株高 71 cm，株幅 15 cm；假茎高 31 cm 左右，粗 1.0 cm。蒜头扁圆形，横径 4.5 cm 左右，形状整齐，外皮淡紫色，单头重 25 g 左右。每个蒜头有蒜瓣 7～8 瓣，分两层排列，内外层蒜瓣数及重量差异不大，蒜瓣形状大小整齐，平均单瓣重 3 g 左右。蒜衣 2 层，淡紫色，不易剥离。抽薹率 80%左右，薹细，长 41 cm，粗 0.5 cm，单薹重 7 g。该品种有三大特点：一是成熟期早，具体表现为蒜薹抽薹早，蒜头早熟。该蒜在云南省大理种植比其他蒜种早熟 15～20 天；在山东省金乡县种植，蒜薹上市也比其他川蒜品种早 5～7 天。二是独蒜率高，这是"红七星"蒜种在云南省种植中表现的另一重要特性，一般在 70%～80%，直径达 5.5 cm。标准出口大蒜头可达 45%左右。三是产量高。

彭州蒜　四川省成都市郊彭州市地方品种。有早熟、中熟和晚熟 3 个品种。植株高 75～89 cm，中熟品种的植株最高，晚熟品种次之，早熟品种再次之。株幅 15.4～27.8 cm，晚熟品种最大，早熟品种最小。假茎高 34～38 cm，中熟品种最高，早熟品种最矮。假茎粗 1.8～1.9 cm，中熟品种的假茎最粗，晚熟品种次之，早熟品种再次之。蒜头近圆形，外皮灰白色带紫色条斑，横径 4～4.4 cm，中熟品种最高，早熟品种居中，晚熟品种最小。每个蒜头有 7～8 个蒜瓣。分两层排列，外层 4～5 瓣，内层 3～4 瓣。瓣形整齐，内外层蒜瓣大小差异不大。平均单瓣重 3～4 g。蒜衣 2 层，紫色，易剥离。抽薹率以中熟品种最好，达 100%，早熟品种和晚熟品种均达 98%左右。蒜薹粗而长，中熟品种薹长 50 cm，薹粗 0.94 cm，平均单薹重约 20 g，高者可达 30 g；早熟及晚熟稍差。蒜薹质脆嫩，味香甜，上市早，产量高，在当地种植每亩产蒜薹 700 kg 左右，高者可达 900 kg；每亩产蒜头 750～1 000 kg。该品种的适应性较强，故彭州成为全国很多地区引进蒜种的基地。该品种是比较理想的，主要用作蒜薹栽培的优良品种。

③金堂早蒜　蒜苗、蒜薹和蒜头兼用品种。该品种是四川省金堂县地方品种，因主要产于云顶山，又名云顶早蒜。植株高 60 cm，株幅 12 cm。假茎高 25 cm 左右，粗 1.0 cm。叶片绿色，蒜头较小，椭圆形，直径 3 cm 左右，外皮淡紫色，单头重 12～16 g。每个蒜头有蒜瓣 8～10 瓣，分两层排列，平均单瓣重 1.5 g。蒜衣 2 层，淡紫色。抽薹率 80%左右，蒜薹长 35 cm 左右，粗 0.6 cm，平均单薹重 8 g。每亩产蒜薹 100～150 kg，蒜头 200 kg 左右。蒜薹和蒜头产量虽低，但早熟性好，属极早熟品种；生长期约 180 天。蒜薹和蒜头品质俱佳，加之上市早，所以产值高。耐寒性差，耐热性较好。

(8)海城大蒜　辽宁省海城市耿庄著名的地方品种，又名耿庄大蒜。品种行销黑龙江、吉林、内蒙古等地，还远销加拿大、罗马尼亚及日本等国。植株高 75 cm，株幅 47 cm，株型较开张。叶片淡绿色，叶面有蜡粉。蒜头大，近圆形，外皮灰白色带紫色条纹，平均单头重 50 g 左右，大者 100 g。每头蒜有蒜瓣 5～6 个，蒜瓣肥大、匀整，香辣味浓，品质良好，捣出的蒜泥不易泻汤或变味。平均每亩产蒜薹 100 kg，蒜头 1 000 kg。

(9)开原大蒜　辽宁省开原优良品种。植株高 89 cm，株幅 34 cm。假茎高 34 cm 左右，粗 1.4 cm。蒜头近圆形，每头横径 4.7 cm，外皮灰白色带紫红色条纹，平均单头重 32 g。每头蒜有蒜瓣 7～11 瓣，分两层排列，平均单瓣重 3.5 g。蒜衣 1 层，暗紫色，易剥离。该品种味辣，品质优良，成熟早，耐贮藏。

(10)毕节大蒜　贵州省毕节县地方品种，为出口产品。大蒜产区位于贵州西北部云贵高原东部丘陵地带，主要种植在海拔 1 400～1 700 m 地段。植株高 91 cm，株幅

44.6 cm。假茎高 32 cm 左右，粗 1.8 cm。蒜头近圆形，蒜头大，横径 5.3 cm，外皮淡紫色，平均单头重 50 g 左右，大者达 70 g。每个蒜头有蒜瓣 11～13 瓣，多者达 16 瓣；分两层排列，蒜瓣间排列紧实；外层蒜瓣数一般比内层蒜瓣数少，但蒜瓣较大，平均单瓣重 4 g，大瓣重 5.5～6 g；瓣形肥大；蒜瓣背宽 1.5 cm 左右。辛辣味浓，形正。蒜衣 1 层，淡紫色。抽薹率 98%～100%；蒜薹长 55 cm，粗 0.9 cm；平均单薹重 15 g 左右。平均亩产蒜薹 350～380 kg，蒜头 1 200～1 500 kg。

(11)舒城大蒜　安徽省舒城名产，为主要出口品种。植株高 80～90 cm，株幅 16～18 cm。全株叶片深绿色，表面无蜡粉。蒜头扁圆形，横径 6 cm，单头重 50 g 左右，外皮白色。每个蒜头有蒜瓣 6～9 个，蒜衣白色，瓣形大而整齐，水分少，辛辣味浓，品质优。该品种耐寒，抗病虫。生育期 240 天。亩产蒜薹 300～400 kg，蒜头 500 kg 左右。蒜薹行销东北一些大城市，蒜头和脱水蒜片远销日本、印度、泰国、新加坡等国家。

(12)阿城大蒜　黑龙江省阿城传统名优地方品种。植株高 84 cm，株幅 32 cm。假茎高 33 cm 左右，粗 1.3 cm。叶色深绿，叶面有蜡粉。蒜头近圆形，横径 5 cm 左右，外皮灰白色带紫色条纹，平均单头重 30 g 左右。每个蒜头有蒜瓣 6～10 瓣，分两层排列，外层蒜瓣数略多于内层，但蒜瓣大小差异不大，平均单瓣重 4 g 左右，蒜瓣间排列紧实。蒜衣 1 层，紫红色，不易剥离。味辛辣，汁黏稠，品种优良。但其蒜薹产量低。生育期 100 天左右，为当地的早熟大蒜品种。每亩产蒜头约 600 kg。

(13)天津六瓣红　天津市宝坻县地方品种。植株高 65 cm，株幅 25 cm。假茎高 26.5 cm 左右，粗约 1.5 cm。

叶色浓绿，叶面蜡粉较厚，植株生长势强。蒜头扁圆形，瓣大，横径 5 cm 左右，外皮淡紫色，平均单头重 30 g 左右。每个蒜头的蒜瓣数一般为 6 瓣，少者 5 瓣，多者 7 瓣；分内外两层排列，内、外层各为 3 瓣；蒜瓣大小相近，瓣形整齐，排列紧实。蒜衣 1 层，暗紫色。平均单瓣重 4 g 左右。蒜薹粗大，肉质肥厚，抽薹早。高产质优。每亩产蒜薹280 kg左右，蒜头 850 kg 左右。

(14)应县大蒜　山西省北部应县地方品种，名产地位小石口村。产品除了销往大同市和雁北地区各县外，还销往内蒙古、河北等地，并出口日本。应县大蒜分紫皮和白皮两种，以紫皮为主。植株长势旺盛，叶片深绿，有蜡粉。蒜头扁圆形，横径 5 cm 左右，外皮紫色，平均单头重 32 g，大者达 40 多 g。每头蒜有蒜瓣 4～6 瓣，少数为 8 瓣；蒜瓣肥大而匀整，肉质致密，辛辣味浓，品质好。蒜衣紫红色。

(15)荆州独蒜　湖北省荆州地区著名土特产。该地区用独蒜加工成蒜田独蒜，为酱菜中的珍品，出口东南亚地区。独蒜栽培用普通白皮蒜，蒜瓣要小，播种应密，限制其营养生长，形成独蒜。亩产独蒜头 300 k g 左右。

(16)拉萨白皮大蒜　西藏拉萨市地方特产。植株生长粗壮，适应性强，蒜头肥大而整齐，扁圆形，外皮白色，单头重 200 g 左右，每头有蒜瓣 20 多瓣。该品种耐寒，耐旱，抽薹率低。生长期间地上部易分杈，耐贮藏，适于高寒地区栽培。

(17)普宁大蒜　广东省普宁县地方品种，为广东省东部优良品种。植株高 71 cm，株幅 20 cm。假茎高 24 cm 左右，粗 1.5 cm。蒜头长扁圆形，最大横径 4.6 cm，最小横径 3.2 cm；外皮白色；平均单头重 20 g 左右。每个蒜头有蒜瓣 9～12 瓣；一般分 3 层排列，最外层多为 3 瓣，第二层3～

4 瓣,第三层 4～6 瓣,各层蒜瓣的大小没有明显差异。瓣衣 2 层,淡红色,平均单瓣重 2 g 左右。在当地可抽薹。

(18)忠信大蒜　广东省韶关地区地方品种,为广东北部传统主栽品种。植株高 61 cm,株幅 12 cm。假茎高 29 cm 左右。蒜头近圆形,横径 2.6 cm,纵茎 2.5 cm,外皮淡紫色,平均单头重 13 g 左右。每个蒜头有蒜瓣 5～9 瓣,分 2～3 层排列,最外层多为 1～2 瓣,第二层和第三层少者 2 瓣,多者 7 瓣;第一层和第二层的单瓣重差异不大,第三层蒜瓣最小,平均单瓣重 1.4 g。瓣衣 2 层,紫红色。在当地不抽薹。

(19)金山火蒜　广东省开平县一带的地方品种,为广东中部地区大蒜代表品种。蒜农为了使蒜头采收后迅速干燥,以提早上市,延长贮藏期,先将蒜头在田间晾干,然后运至库中用烟熏,有独特的味道;烘干后出口东南亚国家及中国香港特区,故称火蒜。植株高 60 cm,株幅 9 cm。假茎高 28 cm 左右,粗 0.9 cm。蒜头长扁圆形,最大横径3.4 cm,最小横径 2.7 cm,外皮淡紫色,平均单头重 10 g 左右。每个蒜头有蒜瓣 7～10 瓣,分 3～5 层排列。1～3 层每层平均有蒜瓣 2～3 瓣,4～5 层每层有蒜瓣 1 瓣。瓣衣 2 层,紫红色。平均单瓣重 1.5 g。味辛辣,汁液黏稠,后期易早衰。生长期较短,在当地不抽薹或半抽薹。

(20)来安大蒜　安徽省来安县相官镇地方品种,又名来安薹蒜,是当地蒜薹栽培优良品种,来安县也是全国蒜薹名产地之一。植株高 100 cm 左右,假茎高 40 cm 左右,粗 1.5 cm。叶片绿色有蜡粉。蒜头近圆形,横径 5 cm 左右,形状整齐,外皮白色带淡紫色条斑,单头重 35～40 g。每个蒜头有蒜瓣 12～13 瓣,分两层排列,一般外层为 6～7 瓣,内层为 6 瓣,外层蒜瓣大,内层蒜瓣小,而且夹瓣多,平均单瓣重 3 g 左右。蒜衣 2 层，黄白色带淡紫色条斑。抽薹性很好，抽薹率 100%；薹生长整齐，可一次采收完毕。蒜薹粗而长，浅绿色，质地致密，长 60 cm，粗 0.9 cm 左右，平均单薹重 25 g，重者达 35 g。耐贮藏，冷藏蒜薹可在春节前后供应。生育期 240 天，每亩产蒜薹 500～600 kg，高者可达 700 kg；亩产蒜头 700～750 kg。因蒜衣容易剥离，适宜加工成脱水蒜片。蒜头耐贮藏，在室温下可贮藏至翌年 2 月份。

(21)襄樊红蒜　湖北省襄樊市郊区地方品种，经襄樊市蔬菜研究所多年选择，成为以采收蒜薹为主的蒜薹和蒜头兼用优良品种。植株高 87 cm，株幅 24 cm。蒜头近圆形，外皮白色，横径 4.5 cm，单头重 22 g。每个蒜头有蒜瓣 9～11 瓣，分两层排列，内外层蒜瓣数及单瓣重差异不大。瓣形整齐。蒜衣 2 层，淡紫黄色。平均单瓣重 3 g 左右。抽薹率 98%左右；蒜薹长 48 cm，粗 0.8 cm；单薹重 13 g。

(22)吉木萨尔白皮蒜　新疆维吾尔自治区吉木萨尔县地方品种。因蒜头大，蒜瓣肥，皮色洁白，品质优良，产量高，耐贮藏而享誉国内外，为出口换汇的重要品种。植株高 75 cm，株幅 34 cm。假茎高 15 cm 左右，粗 1.4 cm。蒜头扁圆形，横径 5 cm 左右，外皮白色；平均单头重 37 g，大者可达 80 g。每个蒜头有蒜瓣 10～11 瓣；分两层排列，内外层各有 5～6 个蒜瓣，外层蒜瓣比内层蒜瓣稍大；瓣形整齐，蒜瓣间排列紧实。蒜衣 1 层，淡黄色。平均单瓣重 3.5 g。抽薹率 95%以上，但蒜薹短而细。

(23)太苍白蒜　江苏省太仓县地方品种，出口东南亚地区。植株高 92 cm，株幅 40 cm。假茎高约 40 cm，粗 1.3 cm。蒜头近圆形，横径 4 cm，形状整齐，外皮白色，单头重 25 g 左右。每个蒜头有蒜瓣 6～9 瓣；分两层排列，内外层蒜瓣数相近，但外层蒜瓣比内层蒜瓣大；平均单瓣重3 g左右；瓣形整齐。蒜衣2层，淡黄色。抽薹性好，蒜薹粗而紧实，薹长54 cm，粗0.63 cm，单薹重12 g。每亩产蒜薹300 kg左右，蒜头700 kg左右。

(24)都昌大蒜　江西省都昌县地方品种。植株高60 cm。假茎长15 cm，粗1 cm。叶片深绿色，有白粉。蒜头扁圆形，横径5 cm，外皮紫红色，单头重30 g。每个蒜头有8个蒜瓣，分两层排列，蒜衣紫红色。蒜味浓，品质好，较耐寒，为当地薹、瓣兼用的优良品种。每亩产蒜薹400 kg左右；产蒜头500 kg左右。

(25)余姚白蒜　浙江省余姚县地方品种。植株高70～90 cm，株幅30～45 cm，假茎粗1.6 cm。蒜头外皮为白色，横径4.6 cm，单头重38 g左右。每个蒜头有蒜瓣7～9个，蒜衣白色，平均单瓣重5 g左右。每亩产蒜薹400～500 kg；产蒜头1 000 kg左右。蒜头、速冻蒜薹、脱水蒜薹远销日本和东南亚各国；糖醋蒜头、腌渍蒜头行销国内一些大城市。

(26)兴平白皮蒜　陕西省兴平市地方品种。植株生长势强。株高94 cm左右，株幅30 cm左右。假茎高42 cm，粗1.7 cm。叶色深绿。蒜头近圆形，横径4～5 cm；外皮白色；平均单头重30 g左右，大者可达40 g。每个蒜头有蒜瓣10～11瓣，分两层排列，内、外层蒜瓣数及重量无明显差异，瓣形整齐。蒜衣1层，白色。平均单瓣重3 g左右。抽薹性好，抽薹率100%。蒜薹长约50 cm，粗0.7 cm，平均单薹重11 g左右。兴平白皮蒜属晚熟品种，多用于加工成糖醋蒜、白玉蒜(咸蒜肉)，销往省内、外及日本等地区。辣味浓，品质好，晚熟，耐贮藏。

(27)耀县红皮蒜　耀县红皮蒜又名耀县火蒜，陕西省耀县地方品种。植株高 85 cm，株幅 44 cm。假茎高 36 cm，粗 1.4 cm。蒜头近圆形，横径 4.2 cm；外皮浅紫色；平均单头重 27.5 g。每个蒜头有蒜瓣 7～8 瓣，分两层排列，一般外层 2～3 瓣，内层 4～5 瓣，外层蒜瓣比内层蒜瓣大。蒜衣 2 层，淡紫色，平均单瓣重 3 g 左右。抽薹性好，抽薹率 100%，薹长 46 cm，薹粗 0.8 cm，单薹重 17.3 g。是蒜薹和蒜头俱佳的品种；每亩产蒜薹 400～500 kg，产蒜头 750～800 kg。

(28)普陀大蒜　陕西省南部洋县普陀地方品种。植株高 85 cm，株幅 28 cm。假茎高 33 cm，粗 1.7 cm。蒜头扁圆形，横径 4.5～5.0 cm，外皮淡紫色，平均单头重 30 g。每个蒜头有蒜瓣 8～9 个，分两层排列，内、外层蒜瓣数及重量差异不大，瓣形整齐，平均单瓣重 3.6 g。蒜衣 2 层，紫红色。抽薹性好，抽薹率 99%；薹长 46 cm，粗 0.8 cm；单薹重 19 g；是以蒜薹栽培为主的优良品种。

(29)伊宁红皮蒜　新疆维吾尔自治区伊宁县地方品种。植株高约 90 cm，株幅 43 cm。假茎长 26 cm，粗 1.6 cm。蒜头近圆形，横径 5 cm 左右，外皮紫红色，平均单头重 50 g 左右。每个蒜头有蒜瓣 6～7 瓣，分两层排列，内、外层蒜瓣数及蒜瓣大小差异不大，瓣形肥大而整齐。蒜衣 1 层，紫褐色。平均单瓣重 6.6 g。抽薹率虽然可达 100%，但蒜薹短而细，产量不高。每亩产蒜薹 150～200 kg；蒜头 1 600 kg 左右。生育期 285 天左右。蒜头耐贮性不如吉木萨尔白皮蒜，在当地贮藏到第二年的 3～4 月份。

(30)格尔木红皮蒜　青海省格尔木市郊地方品种。植株高 82 cm，株幅 26 cm。假茎高 21 cm，粗 1.5 cm。蒜头近圆形，横径 6～7 cm；外皮褐色带紫色条纹；平均单头重 76 g 左右，大者可达 92 g。每个蒜头有蒜瓣 10～12 瓣，分

3～4 层排列。最外层多为 1 个蒜瓣，单瓣重 10 g 左右；第二、三、四层的蒜瓣依次变小，但第四层的单瓣重仍达 5 g 左右，平均蒜瓣重 6.5 g，可见其肥大的程度。蒜衣 2 层，紫红色，瓣形整齐。抽薹性较差，多数不抽薹，蒜头中央形成 1 个蒜瓣，少数为半抽薹。

(31)昭苏六瓣蒜　新疆维吾尔自治区昭苏县地方品种。叶色浓绿，叶片蜡粉较厚。蒜头近圆形，横径 5～6 cm 左右；外皮淡紫色；平均单头重 50 g 左右，大者达 87 g。每个蒜头的蒜瓣数多为 6 瓣，少者 4 瓣，多者 7 瓣；分两层排列；内、外层蒜瓣数及蒜瓣大小的差异不大，瓣形肥大而整齐，蒜瓣背宽达 2.2 cm。蒜衣 1 层，紫褐色。平均单瓣重 6.8 g。生育期 320 天左右。耐寒性强，耐贮藏，可存放至翌年 5 月份。辛辣味浓，蒜泥可存放数天不变质。

(32)民乐大蒜　甘肃省民乐县地方品种。植株高 78 cm，株幅 34 cm。假茎高 12 cm，粗 1.2 cm。蒜头近圆形，横径 5.2 cm 左右，形状整齐，外皮灰白色带紫色条纹，平均单头重 50 g 左右。每个蒜头的蒜瓣数为 6～7 瓣，分两层排列；内、外层蒜瓣数及蒜瓣大小无明显差异；瓣形肥大而整齐，平均单瓣重 7 g 左右。蒜衣 2 层，暗紫色。

(33)银川紫皮蒜　宁夏回族自治区银川市郊县地方品种。植株高 65 cm，株幅 25 cm。假茎高 17 cm，粗 1.7 cm。蒜头近圆形，横径 4.3 cm 左右，形状整齐，外皮灰白色带紫色条纹，平均单头重 30 g 左右。每个蒜头的蒜瓣数为 8～9 瓣，分两层排列，外层 4～6 瓣；内层 3～5 瓣；内、外层蒜瓣单瓣重的差异不大，瓣形整齐、均匀，平均单瓣重 3 g 左右。蒜衣 2 层，紫红色。抽薹性较差，薹细小，而且有半抽薹现象。

(34)土城大瓣蒜　内蒙古自治区乌兰察布盟和林格尔

县土城子乡地方品种。植株高 75 cm,株幅 30 cm。假茎高 15 cm,粗 1.1 cm。蒜头近圆形,横径 4.6 cm 左右;外皮灰白色带紫色条纹;平均单头重 28 g 左右,大者达 50 g。每个蒜头的蒜瓣数为 8～9 瓣,分 3 层排列;最外层多为 1 瓣,重 4 g 左右;第二层 4～5 瓣,平均单瓣重 2.5 g 左右;最内层 3～4 瓣,平均单瓣重 1.8 g 左右。蒜衣 1 层,紫红色。当地春播夏收,可抽薹。

四、蒜薹及蒜头的露地栽培

209. 大蒜栽培可以分为哪几种作型?

大蒜的栽培按采收的目的可分为蒜头、蒜苗(青蒜)和蒜黄栽培。蒜头栽培因各地气候条件不同,又可分为春播栽培和秋播栽培两种。

(1)秋播蒜头栽培　蒜头栽培大部分地区实行秋季播种,一般在 9～10 月间播种,个别地区在 8 月中下旬开始播种。蒜薹一般在 4～6 月份采收,蒜薹采收以后 20～30 天采收蒜头。

(2)春播蒜头栽培　东北、华北、西北及西藏的部分高寒地区,栽培蒜头于春季播种,一般于 3～4 月份播种,6～7 月份采收蒜薹,7～8 月份采收蒜头。

(3)青蒜栽培　以食用蒜苗为主,不收蒜薹和蒜头,根据采收期要求早晚不同,从 7～10 月份均可播种,从 8 月份至翌年 5 月份采收蒜苗。

(4)蒜黄栽培　蒜黄栽培是大蒜软化栽培的一种特殊

栽培方法，利用蒜瓣中贮藏的养分，栽培在无光的条件下，由于缺乏叶绿素，而使青蒜成为蒜黄。

210. 怎样安排大蒜生产茬口和播种期？

大蒜忌连作，否则植株细弱，叶片变黄，产量降低。与葱蒜类蔬菜重茬，长势弱，易遭受病虫害。大蒜对前茬选择不严格。秋播大蒜以玉米、豆类、瓜类、番茄、马铃薯较好；春播大蒜以秋菜豆、南瓜、茄果类等蔬菜及棉花、豆类等大田作物较好。大蒜施肥量大，根系分泌物有一定的杀菌作用，是其他蔬菜的理想前茬。

东北、西北各省以单作为主，华北各省习惯与其他蔬菜及粮食作物间作套种。如北京郊区的三大季栽培，河北省棉花产区在棉花行间套种大蒜，城郊在大蒜畦套种蚕豆、矮生豌豆，南瓜套种大蒜和青蒜，以及大蒜与其他蔬菜隔行或隔畦间作。

大蒜的栽培季节主要取决于大蒜生长发育对外界条件的总体要求和品种差异。在外界条件中起主导作用的是温度，因为不同品种的耐寒和生长期存在一定差异。同一品种，不同生育期对温度也有不同要求。为了提高产量，必须使大蒜不同生育阶段对温度的要求与温度的季节变化相吻合。

大蒜的播种期因地区和品种而异，可分为秋播和春播。北纬35°～38°为大蒜春播和秋播的分界线。35°以南地区冬季不太冷，大蒜可以自然越冬，多以秋播为主，来年初夏收获。38°以北地区，冬季严寒，秋季易遭受冻害，宜在早春播种，夏中或夏末收获。35°～38°之间地区春秋播均可。河南、山东禹城以南以秋播为主。陕西省除陕北以外均可秋播。山西省以临汾为界，临汾以南为秋播区，临汾以北多行春播。河北省南部适于秋播；冀中春、秋播均可，冀北为春播区。京、津、内蒙古、甘肃、西藏等省市及东北各省，一般都采用春播。

我国北方主要城市郊区和名特产区，大蒜的栽培季节可参考表 5。

表 5　大蒜的栽培季节（引自蔬菜栽培学）

地区	春播		秋播	
	播种期	收获期	播种期	收获期
北京	3 月上旬	6 月下旬	—	—
济南	3 月中旬	6 月上旬	9 月下旬	6 月上旬
郑州	—	—	8 月中旬	5 月下旬
西安	—	—	8 月下旬至 9 月上旬	5 月下旬
太原	3 月中旬	6 月下旬至 7 月上旬	—	—
沈阳	3 月下旬	7 月中、下旬	—	—
长春	4 月上旬	7 月中旬	—	—
哈尔滨	4 月上旬	7 月中旬	—	—
乌鲁木齐	—	—	10 月中旬、下旬	7 月上旬、中旬
呼和浩特	3 月中旬、下旬	7 月中旬	—	—

在适于秋播的地区，秋播是提高蒜头和蒜薹产量的有效途径。因为秋播大蒜以幼苗跨过秋、冬、春三季，经过长期低温，可以提高抽薹率，增加蒜薹产量，促进大蒜分瓣。并且在高温长日照季节来临前，有充足的时间进行幼苗生长，为蒜薹和鳞芽的分化和生长奠定了雄厚的物质基础，这

是秋播大蒜高产的主要原因。秋播太晚，势必缩短幼苗冬前生长期，降低植株越冬能力，减少蒜薹和蒜头产量，甚至形成独头蒜。正如陕西关中地区农谚所述："七大八小九不栽，十月栽下没蒜薹"，所以秋播不宜过迟。

春播大蒜的生育期，尤其是幼苗生长期比秋播显著缩短，应尽量早播，土壤化冻就可播种，这样才能确保大蒜正常抽薹分瓣。

211. 大蒜播种前如何整地施肥？

栽培大蒜要选择土质疏松、排水良好、有机质丰富的土壤，因为大蒜为弦状根系，分布浅，而且分布的范围小，吸水吸肥能力弱，鳞茎也是在土中生长、膨大的。大蒜对土质的适应性广，但以沙壤土为好，因为沙壤土结构疏松，温度升高快，适宜根系的生长。沙壤土中栽培的大蒜返青早，抽薹早，蒜头大，辣味浓，起蒜容易。沙土保水力弱，不利于大蒜的生长，但蒜的辣味浓。大蒜不喜黏土，土壤黏重时蒜头小而尖。大蒜怕碱，在碱性大的地块，植株黄弱，种蒜易腐烂，容易遭受地蛆为害，返碱时假茎倒伏。

大蒜播种前的深翻细耙非常重要。秋播大蒜在前茬收获以后，如果距离播种时间较长，土壤板结，要耕翻晒垡。翻耕深度 10～15 cm，不可过深，因为此时雨水较多，易积水。晒垡时间以 15 天以上为好。在晒垡时要耕几次，以除去杂草。如果秋天干旱则不宜晒垡，应抢墒翻耕，耙细耙平。播种前施有机肥，每亩可施腐熟的农家肥 5 000～7 500 kg，施肥时要均匀。施肥以后要立即翻耕，再耙平。春播大蒜的地块，要在冬前整地、施肥、翻耕、耙平，使之在冬季较好地经过冻融交替过程，积蓄水分，杀死病菌，形成良好的土壤结构。

大蒜分为畦作和垄作两种方式。秋播多采用畦作，便于灌冻水和越冬管理。春播除畦作外也可采用垄作。垄作地温高，出苗快，鳞茎膨大受土壤阻力较小，蒜头稍大；畦作单位面积产量高，但个体略小。做畦的宽度一般为 1～1.5 m。1 m 宽畦栽 5 行，1.5 m 宽畦栽 7 行。在山东苍山地区，秋播大蒜，整地后按 20～23 cm 开沟，沟内播种后，把开沟时扶起的垄背，每 3 个垄背耧平两个，留下一个作为畦埂。这种方法不需要专筑畦埂。畦的长度多为 6～10 m。垄作分为大垄双行和小垄单行。大垄双行按行距 50 cm 做垄，耙平垄台，在垄台上开两条浅沟播种。小垄单行按行距 25 cm 做垄，在垄台上开沟播种。

212. 怎样选择和处理蒜种？

选留的大蒜种株，播种前最好将种蒜头在阳光下晾晒 2～3 天，使瓣间疏松，易掰瓣，并可促进萌发。在收获晾晒以后，入库贮藏前要精选蒜头。选择蒜头大、蒜瓣少而整齐、色泽洁白、顶芽肥大、无病无伤的留作蒜种，单独贮藏。播种前再精选 1 次，剔除腐烂的、虫蛀的、沤根的蒜头。

选好蒜种进行掰瓣，去掉盘踵（干缩的茎盘），剔除破伤蒜瓣，剥除蒜皮。因为蒜皮和盘踵均会不同程度地影响吸水和幼苗出土，剥除盘踵和蒜皮有利于发根和防止出苗时跳瓣。但是在盐碱地栽培大蒜，为了防止返碱对蒜种的腐蚀，以不剥皮去踵为佳。

蒜种的大小对产量影响极大，母瓣越大，长出的植株越壮，所形成的蒜头也越大。因此不但要选大的蒜头，还应该选择大蒜瓣。掰瓣后分为大、中、小三级，最好只栽一二级蒜瓣,因三级蒜瓣生长弱,产量低。

秋播时,如果使用的是当年的蒜种,未通过生理休眠期,需对蒜种进行处理。将种蒜去踵不去皮,放在一定容器里,边喷水边搅拌,使蒜皮潮湿,放置 3～4 天后播种。也可在播种前 15 天,去踵以后在水中浸一下,放在地窖里,铺在湿地上,蒜瓣厚 7～10 cm,3～4 天翻动一次,使蒜瓣均匀受潮,气温一般为 11～16℃,空气的相对湿度一般为 83%,15 天以后,发生白根,即可播种。

☞ 213. 大蒜如何播种?

(1)播种时期　大蒜播期严格。春播大蒜生长发育期较短,应该尽量早播,以土壤融冻后、日均温达 3～6.2℃时播种为宜。冀中农谚是“春分不在家,夏至不在地”。播种过晚,生长期短,温度高,生长点不能通过春化,易形成独头蒜,降低产量。秋播大蒜在日均温降至 20～22℃时播种,以越冬前幼苗长出 4～5 片真叶为宜。陕西关中的农谚是“七大、八小、九不栽,十月栽下没蒜薹”(指农历)。播种过晚,冬前生长期缩短,幼苗小,组织柔嫩,根系弱,营养积累少,抗寒能力差,易受冻害;播种过早,幼苗在冬前旺盛生长,消耗大量的养分,抗寒力降低,而且可能再春化,形成复瓣蒜。

(2)播种密度　栽培密度应依据品种、种瓣大小、土壤肥力、播期早晚、栽植形式等而定。一般情况下,行距 15～25 cm,株距 6～12 cm,适宜种植密度为每亩 3 万～4 万株,用种量 100～150 kg。

(3)播种深度　开沟深度 10 cm,播种深度 6～7 cm,种蒜高约 3 cm,覆土厚度 3～4 cm。秋播较春播略深一些。

(4)播种方法　大蒜的畦栽有插栽和沟栽两种。插栽的可以干栽,也可以湿栽。沟栽的一般为干栽。插栽干栽的方法是:按 20～23 cm 的行距,10～12 cm 的株距,把蒜瓣插入土中,微露尖,上覆盖 2 cm 厚的细土,用脚踏实,然后再浇水。插栽湿栽的方法是:先平整畦面,而后浇水,水渗下以后,按株行距将蒜插入土中,微露尖。沟栽指用蒜耧子开沟,先在畦的一侧开沟,将蒜瓣按株距摆在沟中,而后开第二条沟,用开第二条沟的土给第一条沟覆土,而后踩实,浇明水。垄栽也有干栽和湿栽两种方法。

一般,秋播多用干播法,春播可干播或湿播。基肥不足的,结合播种可在播种沟内施肥。大蒜适于浅播,播种过深出苗迟,幼苗弱,抽薹晚,并影响鳞茎膨大。

214. 如何防止"跳蒜"?

大蒜播种以后,在适宜的温度下,1 周内便可发出 30 余条新根。其须根集中在蒜瓣的背面基部,发根整齐一致。密集的须根同时在同一部位下扎,如果遇到下部的土壤不松软,扎不下去,会把种蒜向上顶起,露出土面,这种现象叫"跳蒜"。已经跳出地面的种蒜如果不及时栽回土壤中,会造成损失,即使栽回土壤中,其正常的生长发育也会受到影响。

为了防止"跳蒜",春播大蒜最好尽量提早播种,因为大蒜比较耐低温,温度低根系生长慢,缓慢向下扎根不易把种蒜顶到地面上。此外,最有效的方法是创造下松上紧的土壤条件,在整地时深翻细耙,播种时再浅翻一次,覆土后及时镇压,使土壤上硬下软,下松上实,种蒜向上跳有困难,向下扎根容易,但是覆土也不可过厚。

☞ 215. 大蒜苗期如何进行管理?

(1)越冬前管理　指秋播大蒜的冬前管理,时段是从播种到幼苗长到冬前的四叶一心时为止。秋播大蒜冬前要培养壮苗,第二年早春返青快,长势强,为营养生长和生殖生长打下良好的基础。壮苗的标准是越冬时达到四叶一心,株高 25 cm 以上,须根 30 余条,单株鲜重 10 g 左右。

9 月下旬播种后,管理上要促进大蒜迅速出苗,加强中耕除草,适时适量浇水追肥。在播种以后,土壤墒情差时要立即浇透水,促进幼芽萌发。播种以后 1 周幼苗出土,再浇 1 次催苗水,而后浅中耕,疏松土壤,保持水分。出苗后表土见干时浇第三遍水,有利幼苗生长。第二片真叶出现以后,在土壤干湿适宜时,锄松 2～3 次,进行蹲苗,促进根系生长。

(2)越冬期管理　冬季寒冷的地区,为了保证幼苗的安全越冬,冬前要浇冻水。浇冻水要适时而足量,通常在夜间表土结冻,午后化冻时浇冻水。11 月下旬后转入越冬期。因为幼苗安全越冬的最低温度是 0～2℃,为保证幼苗安全越冬,可在畦北设立风障,畦面可覆盖稻草(用土压好,防止北风吹跑),防寒防冻。覆盖要适时,过早,幼苗易受热腐烂;过晚,幼苗易受冻。

(3)返青期的管理　2 月上旬以后,气温回升,当最低气温高于 1℃时,日平均气温达到 7℃时,幼苗开始生长。在此之前,在气温稳定在 1～2℃时撤除盖草,撤除时要分次进行。以后,随着幼苗的旺盛生长,可以拔除风障。此时可以浇返青水,但因为地温较低,为防止降低低温,浇水量不可过大。为了促进蒜薹和蒜头的分化,浇水时可以结合施肥，每亩开沟施入尿素 15 kg，而后浇水，或随水施入人粪尿 1 500～2 000 kg。再后浅中耕，用锄在行间划几次即可。中耕可以在疏松土壤的同时提高早春的土壤温度，同时可以切断土壤的毛细管，减少水分的蒸发，利于保墒并防止返碱伤苗。

返青后，气温仍较低，要经常中耕晒土，促使幼苗生长，幼苗逐渐进入叶片的生长盛期，浇水施肥的次数随之增多，要特别注意氮肥的施用。

(4)春播蒜的苗期管理　春播蒜苗齐一般不浇水，只有垄作遇到干旱，出苗有困难时才浇水。幼苗出土时，经常出现"跳蒜"的现象，可以根据具体情况，及时上土或补浇 1 次水。要注意，在出苗前，如果发现土壤板结，只能浇小水，不能用锄中耕，以防止碰伤大蒜的芽鞘，影响出土。

大蒜出土以后，要进行多次中耕，以提高地温，疏松土壤。一般在苗高约 10 cm 时中耕 1 次，下锄要浅，同时结合除草；长到 4～5 片真叶时，再中耕 1 次，同时结合除草。中耕前，如果发现土壤干旱，可以先浇水后中耕。

从播种起 35～40 天，种蒜的营养物质消耗完毕，大蒜要发生退母。大蒜的退母有干烂和湿烂两种。干烂是正常的生理现象，营养用于幼苗生长，退母较为缓慢。湿烂主要是由于土壤过湿、通气不良、地蛆为害和土壤返碱所致。退母时大蒜贮藏的养分消耗完毕，植株营养青黄不接，因而表现出叶片黄尖。退母前及时浇水施肥可以减轻黄化现象，维持幼苗的健壮生长。有研究表明，春播 35～40 天之间进行追肥浇水，可以减轻或避免黄尖现象。

216. 大蒜蒜薹伸长期应注意哪些问题?

大蒜退母后植株开始独立生活,鳞芽和花芽开始分化,地下部发生第二批新根,叶片全部长出,植株进入旺盛生长期,对水肥的需要显著增加。此时如果缺水、缺肥或者水肥供应不及时,便会严重妨碍植株的生长,假茎和蒜薹上粗下细,采薹时口紧难抽,也影响鳞茎的发育。

此期要肥大水勤,一般 6～7 天浇水 1 次;地皮发白就要浇水;从抽薹到蒜薹成熟一般要浇水 6～7 次。隔一次水追施 1 次速效氮肥,一般每亩追标准氮素肥 15～25 kg。在追氮肥的同时,要注意结合磷、钾肥的施用,每亩施过磷酸钙 30 kg,每亩施钾 8.07 kg。前一阶段浇水后,当表土干湿适宜时,要进行划锄,结合除草。后一阶段不松土,表土干时即可浇水。

蒜薹长成以后要及时采收;采收不及时,会降低蒜薹的品质,使其纤维含量增多,质地粗硬,失去食用价值,同时也会降低蒜头的产量。采薹前 3～4 天停止浇水,减少收获时断薹。要进行浅中耕,使植株稍萎蔫,以便"松口"采薹。

217. 大蒜鳞茎膨大期应注意哪些问题?

蒜薹成熟后,无论蒜薹是否采收,植株的营养都逐步下移,贮藏到鳞茎中,鳞茎膨大进入盛期。蒜头有一半的重量是在采收蒜薹到成熟期形成的。此期大蒜的根、茎、叶的生长趋向衰老。为了保证蒜头的正常生长,保护根系,防止早衰,延长叶片的功能时间,促进干物质的积累,采收完蒜薹应立即浇一次水,同时进行除草施肥,每亩施硫酸铵 15～20 kg,4～5 天后视天气和土壤湿度,相继浇 1～2 次水,促进蒜头的生长。一般在鳞茎膨大期，要经常保持土壤湿度。农谚有“要长蒜，泥里陷”，说明这一时期需水量最大，但也要根据土壤和天气情况而定。收获前5～7天停止浇水，防止土壤湿度过大引起蒜皮腐烂，蒜头松散，不便于采收和贮藏。收蒜头前，浇小水，以利于起蒜。

☞ 218. 地膜覆盖对大蒜生长有何作用？

大蒜利用地膜覆盖后，有以下明显的效应：

①改善了环境条件　地膜覆盖后，在冬前可提高5 cm处的地温2～3℃。因此，加速了大蒜冬前幼苗的生长，秧苗健壮，抗寒力强。加上冬季地温较高，故越冬因低温冻死率大大减少，少5倍左右。翌春，由于地温高2.6～3.7℃，大蒜幼苗返青早，生长快，植株生长量大，叶面积大，为丰产奠定了基础。地膜的不透水性，降低了土壤水分蒸发量，有利于土壤的保墒防旱。所以大蒜进行地膜覆盖后，可以减少浇水次数，土壤墒度适宜，早春避免了浇水降低地温之弊，为植株生长创造了有利条件。地膜覆盖后增强了土壤保水保肥力，提高了养分利用率，保持了土壤疏松，防止了浇水过多发生的地面板结，有效地改善了土壤环境条件。大蒜进行地膜覆盖后还减轻了病虫害的发生。地膜阻挡了种蝇向蒜根周围产卵，减少了根蛆为害。地膜覆盖也抑制了杂草的发生和为害。

②促进了大蒜的生长发育　由于环境条件的改善，大蒜地膜覆盖条件下，植株生长健壮，根系发达，叶面积大。叶面积指数可提高0.025。

③早熟和高产　由于地膜覆盖的温度效应，所以大蒜地膜覆盖栽培后，抽薹期可提前6～10天，成熟期提前5～

8天。早熟为早腾地创造了条件，可有效地调节下茬作物的栽培期。利用地膜覆盖，大蒜可增产蒜薹55.35%，增产蒜头44.8%。

219. 大蒜如何进行地膜覆盖栽培？

(1)整地、施肥　精细整地，可提高地膜覆盖的效能。地膜覆盖后，大蒜吸肥增多，故应增施有机肥，减少以后追肥的用工麻烦。进行地膜覆盖一般用小高畦。畦宽因地膜宽度而定。

(2)盖膜　一般先播种，后盖膜。膜要盖严、压紧。做到膜紧贴地，膜无皱纹。膜有洞，及时用土堵上。

(3)播种　由于地膜覆盖后生长期延长，所以秋播大蒜可适当晚播5～7天。密度应适当稀一些，每亩35 000～38 000株为宜。播种方法同秋播。

(4)苗期管理　播种覆膜后，立即浇水，促进蒜瓣扎根。近出苗时，再浇1次水，以利幼苗出土，顶破地膜，继续生长。有顶不出膜来的幼芽，可人工破膜。人工破膜的口越小越好。在幼苗生长阶段灌1次促苗水，入冬时，浇1次越冬水。在生育期内应经常巡视，发现幼苗压在膜下时，要立即扶出膜外，防止苗在膜下生长。

(5)中后期管理　在花芽、鳞芽分化期，仍然要保护好地膜。发挥其保温作用，直至抽薹前期方可去掉地膜。其他管理同秋播大蒜栽培。

220. 蒜薹怎样采收？

蒜薹的收获时间根据栽培目的和品种特性而定。一般在薹苞下部由黄转白，薹梗顶部开始变曲呈钩状时为采收期。以提早蒜薹上市期，谋求较高产值为目的时，可在蒜薹(不包括总苞部分)高出最后一片叶子的叶鞘口 7 cm 左右，上部尚未弯曲时采收。以提高蒜薹产量为目的时，可在蒜薹高出最后一片叶子的叶鞘口 15 cm 左右，上部向下弯曲(“打弯”)时采收(彩图 19)。每一产区的最佳采收期仅为 3～4 天的时间。要及时采收，采收过早，蒜薹短小，产量也低；过晚，会降低蒜薹的品质，也会影响蒜头的产量。

采收时间最好选在晴天的下午，此时茎叶稍现萎蔫，如果遇到阴天，应选在露水干后进行。晴天上午露水重，植物组织含水量多，蒜薹不易抽出，如果用力过猛，会损伤蒜头和根系，而且易折断蒜薹，影响产量和品质。采收时要尽量避免叶片或叶鞘倒伏，否则会影响养分的制造和运输，降低蒜头的产量。一般采薹的方法有铲薹法、夹薹法、扎薹法等。

(1)铲薹法　将长约 50 cm 的竹片的一端削成锋利带弧形的缺口；左手提蒜薹，右手拿竹片，顺着蒜薹连续过上部 3 片叶子，最后垂直方向用力挤压蒜薹，左手同时上提，蒜薹即断。铲薹法收得快，蒜薹质量好，适于收获口紧的蒜薹，对根系不发达、抽薹时容易连植株拔起的大蒜效果好。

(2)夹薹法　将直径 1～1.5 cm、长 30 cm 的新鲜柳条，剥皮后在中间扭一下，使之折断，即成蒜夹子；或用一根直径 1～1.5 cm、长 40～50 cm 的新鲜竹竿，削平节部突起，用火将竹竿中部烤软，对折，固定两天，做成有弹性的夹子。收蒜薹时，人站在蒜株后，左手提住蒜薹，右手持蒜夹在假茎离地面 7～10 cm 处轻轻夹一下，同时左手慢慢向上提，即可将蒜薹顺利抽出。如果蒜薹较老，抽不出薹时，夹蒜的位置可以上移。切忌来回扭夹，将假茎夹断，致使抽薹后植株倒伏。夹薹法断薹率较低，蒜薹产量较高，一般多用于晚熟、口松的白皮蒜。

(3)扎薹法　将竹筷子削成尖锥形，采薹时，右手持带尖竹筷，在离地面 3～6 cm 的假茎处垂直扎入，左手提薹，慢慢抽出。扎薹法的优点是蒜薹无划伤、断面齐，采薹后假茎不倒伏，叶片较完整，蒜头产量高。此法适用于稀植、假茎短粗且上下部粗度差异小、采薹期较早的早熟品种。

221. 蒜薹贮藏应注意哪些问题?

蒜薹采收后应及时移到阴凉通风处散热，避免日晒、雨淋。蒜薹采收后，可就地短暂摊凉，以利通风除热；尽快入冷库预冷贮藏。异地贮库应及时用麻袋、编织网袋或条筐包装，再用火车或汽车运输。

蒜薹采收后，中断了来自植株的水分和养分供应，但仍然进行着一定程度的生长，主要表现为脱水老化，薹包膨大。这是蒜薹在利用自身的养分，供应生长旺盛的薹包的分生组织进行细胞分裂的缘故。同时，蒸腾作用也在进行，失掉的水分得不到及时的补充，所以难免脱水。

蒜薹生长的速度和脱水的速度在很大程度上受到温度的影响。采收以后，在 26～30℃下 30 天就会失去食用价值。而在 0℃的条件下，气调贮藏，可以贮存 8 个月以上，并可保持较好的品质。温度低于－1℃蒜薹会受冻，温差过大会影响贮藏的效果。

气体的成分对蒜薹的贮藏质量也有很大的影响。含氧量过高，会加速蒜薹的老化，促进霉菌的活动。而缺氧又会导致蒜薹生理失调，同样加速老化。贮藏环境中适量的二氧化碳可以抑制蒜薹的衰老和霉变，但含量过多会引起蒜薹中毒。一般来讲，适宜的气体组成是：二氧化碳 0%～

5%，氧气为1%～6%。

大量蒜薹贮存的通用方法是气调冷藏法。方法是选用100 cm长、75 cm宽、0.06～0.08 mm厚的聚乙烯塑料薄膜袋，对当地采收或从外地购入的蒜薹进行挑选，剔除受过机械损伤的、品质较差的蒜薹，而后将合格的蒜薹基部切掉1 cm左右，经过预冷后装袋，每袋装蒜薹20 kg，扎紧袋口，放在冷库的架子上。当蒜薹袋内的氧气含量降到1%～2%、二氧化碳在12%以上时，要打开袋子通风，使氧气的含量高于18%，二氧化碳低于2%。贮藏后期，氧气含量的低限适当提高，放风的周期一般为2～10天。袋内的空气湿度不应高于95%，最好维持在85%～95%之间。在开袋换气时，要用毛巾擦去袋内的水珠。

农村贮藏蒜薹可用冰窖，这种方法比较经济。冰窖由窖炕、排水井、窖棚组成。窖炕长10 m，宽6 m，深3 m（地下2 m，地上1 m）；窖底保持一定的坡度，倾向于排水井的一侧。排水井一般设在窖外，一般比窖底深1.5 m，井的直径为80 cm。窖棚为屋脊式木质结构，其上覆盖瓦或油毡用以防雨。冬季采自然冰，摆满冰窖，其上覆盖稻壳，厚约40 cm，踏实。在蒜薹收获时，先在窖底铺两层冰，四周垒两层冰；将蒜薹装入浸过水的蒲包，每包10 kg；将蒲包放在冰上，摆紧压实，用碎冰填空隙，上铺1层冰块，再铺3层蒜薹，最后再在上面封1层冰块，撒20 cm厚碎冰，拍实，其上覆盖20 cm稻壳，立冬前加到40 cm厚。入窖后6～7天检查一遍，用脚在稻壳上踩，有活动的地方，立即扒开稻壳，用碎冰填好。2个月以后还要填1次冰，所以在入窖时，要留出后备冰块的空间。

☞ 222. 蒜头如何采收？

采收时间不但影响蒜头和质量，而且关系到贮藏期的长短和蒜种质量的好坏。收获早了，蒜头皮薄发亮，不散瓣，但由于叶中的养分尚未完全转移到鳞茎，造成鳞茎不成熟，影响产量，而且因为蒜瓣中的水分容易散失，在贮藏期间蒜头易干瘪。收获过晚，叶鞘干枯不宜编瓣，鳞膜易开裂，使鳞茎易过早萌发，蒜头容易散头，拔蒜秧时蒜瓣散落，失去商品价值；如果遇到雨或高湿环境下，蒜皮易变黑，蒜头开裂发生炸瓣现象。

收获的适期是：大蒜叶片大都干枯，上部叶片由褪色到叶尖干枯慢慢下垂，植株处于柔软状态，已不容易折断假茎，须根萎缩起红线。一般在收获蒜薹 20 天左右的时间内收获蒜头。但用作加工盐蒜、糖醋酸的蒜头，应该提前几天采收。

蒜头必须选在晴天收获，而且在收获前后最好各有 3 天的晴天。收获时应该在晴天露水下去后收获。雨天收获，则贮藏期间霉烂变质的蒜头增多。土硬时用铁锹挖收，土松时可人工拔收，不要损伤蒜头，也不要拔断假茎。采收中的机械伤害及暴晒、暴淋等因素，均有可能导致大蒜耐藏能力降低。收蒜时要轻拿轻放，不磕不碰，以免蒜皮蒜瓣受到机械损伤，降低商品价值和耐贮性。

☞ 223. 蒜头的贮藏方法有哪几种？

晾晒是大蒜进入休眠的重要保证。大蒜收获后应剪掉根，带着假茎充分晾晒。如果蒜头收获后不剪根，晾晒几天后，在抖落根上泥土的同时易将根从基部拉断，而且茎盘部分不易充分干燥，贮藏期间易发霉，引起散瓣。带假茎干燥是因为假茎中贮藏的养分可以运送到蒜头中，具有后熟的效果。晾晒期需要 26～35℃的高温。在晾晒期间，用蒜的茎叶盖住蒜头，只晒茎叶，不晒蒜头。晒的过程中要经常翻动，一般晾晒 2～3 天后，可转到阴凉处堆起来晾干，注意通风、防止伤热、霉烂。待基本晾干后，再剪去茎叶，剥去浮皮。进一步晾晒，须挂起或在席箔上晾，同时注意蒜头不能在阳光下暴晒，以免影响蒜皮的颜色和光泽。大蒜的简易贮藏方式有以下几种：

①挂藏　在南方多雨地区，为了防止大蒜霉烂变质，大蒜收获后，排放在干燥的地面，在阳光下晒 2～4 天，使叶鞘、鳞片、鳞茎充分干燥失水，促使蒜头进入休眠期。干燥后的大蒜进行挑选，剔除机械损伤、病虫害的蒜头。稍晾，使叶片变软，然后每 30～60 个蒜头编成一组，每两个组合在一起，挂在通风良好的屋檐下或厨房内进行贮存。贮藏期间要防止蒜头受潮、雨淋，要防热、防磕碰，并要通风良好。

②架藏　架藏在我国东北和西北地区广泛采用。但此法采收时用工量大，运输周转慢，库容量小，因而不适宜商业大批量贮存，只适于就地贮存。采用此法贮藏，既能通风良好，又能防止通风过度。

架藏方式与挂藏一样，编组成辫。通常选择通风良好、干燥的室内场地，有通风设备的室内场地更好。室内放置木制或竹制的梯架，梯架横隔间距要大，蒜架的两排固定的架柱，间隔 1～2 m。在架柱间设立若干层固定或活动的横杆，间隔 20～25 cm。在同层的两排横杆上，平架几对活动架杆，每对架杆上放 1～2 层蒜。架柱蒜在每层间都有一定空隙，从而提高了蒜体周围的通风散热作用。贮存初期每隔2～3天上下倒翻1次，并随时剔除腐蒜、病蒜。

贮藏时，将挑选过的大蒜放在竖式贮藏架上即可；堆的层次要适当，防止过高而引起压伤或倒塌；上下层间要保留一定的空隙，以便观察与检查。贮藏中如果气温下降至－20℃时，可在架的周围用草包暖；气温升高时，加强通风，以利散热、干燥，减少病原微生物的为害。

③坑藏　在10月下旬选向阳避风的地方挖30～40 cm深的坑，长和宽依贮藏量而定，将大蒜进行坑藏，翌年初春取出。冬季气温和地温较低时，要覆土或其他覆盖物以防寒保温。常见的坑藏方法有：

堆积法：将大蒜散于坑内，再用土(或沙)覆盖。

层积法：在坑内堆放一层大蒜，撒一层土(或沙)，层积到一定高度后，再用土(或沙)覆盖。

混沙埋藏法：将大蒜与沙混置后，堆放于坑内，再进行覆盖。

筐藏：将大蒜装入筐后入坑埋藏。

④窖藏　在北方较普遍，南方也有使用。大蒜在窖内可以散堆、围堆。最好是在窖底铺一层干麦秆或谷壳，然后一层大蒜一层麦秆或谷壳，不要堆得太厚，窖内设置通气孔。大蒜入窖初期，应昼夜打开排气孔，排出大量呼吸热和所带田间热，从而降低窖温。到了寒冷季节，应将天窗关闭并用草席等覆盖物，用草或土封堵窖眼，窖门上应挂以草帘或棉帘等进行防寒。需要通风时，可在气温比较高的中午将天窗打开，进行短时间的通风。到了来年春季，窖温随气温逐渐升高，应利用夜间较低的气温进行通风换气，继续维持窖内低温，以延长贮藏期。窖内湿度不足时，可在地面上喷水，或挂湿麻袋片来进行调节。

☞ 224. 大蒜退化的原因是什么？怎样防止？

大蒜品种连续栽培 2 年后，就会出现植株矮小，棵细，叶色变淡，蒜头变小，蒜瓣小，薹细，独头蒜增多，产量逐年下降。这就是品种退化现象，是大蒜生产上存在的主要问题。

大蒜是无性繁殖作物，用蒜瓣繁殖。蒜瓣是变态的侧芽，是大蒜母体的组成部分，不论繁殖多少代，它们仍然是同一世代。生物界大都是通过有性繁殖产生生活力强的后代，大蒜不经有性繁殖，其生育周期总是从鳞芽到鳞芽，是大蒜退化的内在因素。

栽培条件是引起大蒜退化的外因。土壤瘠薄，肥料不足，尤其是有机肥料不足，引起土壤理化性质改变；高度密植，个体发育不足而使种性变劣；采收蒜薹过迟，方法不当，养分消耗过多；假茎受损伤；选种不严格，这些都可导致大蒜品种退化。

大蒜复壮的措施：①选择地区差异和栽培条件差异大的地区进行换种，如山区与平原换种，2～3 年内可恢复生产力，有一定的复壮效果。②用气生鳞茎繁殖，可达到复壮的目的。有实验表明，用气生鳞茎播种当年形成独头蒜，再用独头蒜播种则可获得分瓣的蒜头，鳞茎产量显著提高。③改善栽培条件，严格选种，收获前选棵，收获时选头，播种前选瓣，在肥沃疏松土壤上栽培，严格轮作倒茬，适当稀植，加强肥水管理，可使退化的品种逐步得到复壮。

五、青蒜(蒜苗)的栽培技术

☞ 225. 怎样安排露地青蒜的栽培时间?

露地青蒜的栽培季节十分灵活,由于播种季节和供应时间的不同,可分为秋大蒜、秋冬大蒜、春大蒜和夏大蒜四类。北方一般只分为早大蒜和晚大蒜两大类。早大蒜在冬前供应,晚大蒜在早春供应。

秋大蒜一般在立秋前播种,播种最早的可以从 6 月底开始。秋冬大蒜一般在 8 月中旬至 9 月中旬间播种。春大蒜一般在 9 月份播种。夏大蒜一般在 2 月上中旬播种。除夏大蒜外,秋大蒜、秋冬大蒜和春大蒜的播种时间没有明显的界限,即从 6 月底至 9 月底之间均可根据上市的要求随时播种。

☞ 226. 露地青蒜栽培如何选择蒜种? 播种前蒜种如何处理?

露地栽培时,秋大蒜和秋冬大蒜的栽培对品种选择要求严格,因为它们的播种期较早。尤其是秋大蒜,需要在收获蒜头后立即进行蒜种处理,然后播种,所以必须选用休眠期短的品种,才能保证出苗快且整齐,一般选用早熟的紫皮蒜作种。春大蒜和夏大蒜的栽培对品种的要求不严,一般选用休眠期较长的品种,出苗虽晚,但蒜苗粗壮,蒜瓣粗大。

栽培青蒜的蒜种处理和栽培蒜头一样,都要把蒜瓣从蒜头茎盘上剥下来,然后按蒜瓣大小分为大、中、小三级分别播种，这样可使出苗整齐，便于管理。但秋大蒜在播种前需要对蒜种进行特殊处理，才能打破蒜瓣的休眠期。打破休眠有以下几种方法：①剥皮。将蒜瓣从蒜头上剥下来后，用井水浸泡一昼夜，剥除蒜瓣外层包裹的薄膜；②切伤。将蒜瓣基部的茎盘切除，或切除蒜瓣顶部的1/4，然后在井水中浸泡一昼夜。③低温催芽。将蒜瓣放在0～5℃的低温下催芽14～20天。

☞ 227.露地栽培青蒜如何播种?

(1)整地施基肥　青蒜苗种植密度大，生长期短，应结合整地，施足基肥。一般每亩施腐熟厩肥4 000～5 000 kg，整地施肥后做成便于灌排的栽培畦。

(2)播种　除秋大蒜外，一般进行条播。在畦面上横劈播种沟，行距15 cm左右，株距10～13 cm，每亩播种量约为200～400 kg。秋大蒜因为生长期短，且在生长期间气温高，蒜苗矮小瘦弱，播种稀了产量就不高，所以一般采用"满天星"密播的方法，一般每亩需用种400～666 kg。

秋冬大蒜、春大蒜、夏大蒜在播种之前先浇底水，待底水渗透以后，立即播种。按计划的密度将蒜瓣插入土中，深度与蒜瓣等高；也可用一锥状体先在畦面插一个孔，宽度与蒜瓣相仿，每孔中插入一瓣蒜，而后覆盖一薄层熟土。

秋大蒜播种方法与以上不同，播种前浇底水一般在傍晚进行，并在夜间突击播种。用这种方法可以避免水热、地热引起的蒜瓣的腐烂。另外，秋大蒜播种深度一定要浅，一般蒜瓣的1/3～1/2要露出地面，这样也可避免蒜瓣深埋引起的腐烂。播种以后，在畦面1 m以上搭棚，棚上覆盖苇席或遮阳网，以降低气温，保持土壤湿度，减轻雨水冲刷，确保秋大蒜的正常生长。

228. 露地栽培青蒜如何进行田间管理?

可分为出苗和出苗后两个阶段管理。

(1)出苗阶段管理　以保墒为主,适当灌水降温,促进快出苗,防止早退母,确保苗齐、苗全、苗壮。播种后,秋大蒜和秋冬大蒜可以覆盖秸秆遮荫降温,无覆盖的应注意中耕保墒,土壤干旱时小水浇 2～3 次。浇水要趁早晚浇,避免大水漫灌,以免引起烂种、蒜苗发黄。

(2)出苗后管理　逐渐增加肥水,注意防蛆,促进健壮生长。在齐苗后,土壤墒情好的,先浅锄保墒。待土壤干旱缺墒时,及时浇提苗水,结合灌水追施提苗肥,每亩浇稀粪水 1 500～2 000 kg,或结合浇水施尿素 10～15 kg。以后,随着气温下降,蒜苗生长也加快,再追肥 1～2 次,每次施尿素 15 kg 左右;灌水以保持土壤湿润为原则。收获一次青蒜要追肥 1 次。在深秋注意防治地蛆为害。

229. 露地栽培青蒜如何收获?

青蒜苗收获期没有严格标准,主要根据市场需求调节。除秋大蒜外,一般都是一次连根挖收,去除根部泥土和下部黄叶后,扎成小捆上市(彩图 20)。秋大蒜采收可分为一次采收和多次采收。一次采收时,因为秋大蒜出苗早晚参差不齐,所以当青蒜长到 20 cm 以上时,拣苗高的先收。多次采收时,当植株长到 20～25 cm,选晴天在距离地面 5 cm 处,用刀割除上部的青蒜;收获后 1～2 天追肥 1 次,促进生长;一般可收 3～4 次。一般青蒜亩产 3 000～4 000 kg。

☞ 230. 栽培青蒜有哪些保护设施?

以前生产青蒜主要利用土炕,随着保护地设施的发展,目前生产青蒜一般在改良阳畦或日光温室中栽培。在部分冬季严寒的北方地区,温室中还应铺设地热线。

地热线由电热丝、塑料绝缘层、引出线和接头组成。电热丝是发热元件,塑料绝缘层主要起绝缘电流和导电的作用,引出线为铜芯电线,基本不发热,接头是连接电热线和引出线的,接头也要埋入土中,所以接头也要防水防漏电。

黑龙江省采用的电热线大多为 0.6 mm、70 号碳素合金钢塑料绝缘线。导线 70 m 为一组。一个宽 1.8 m、长 10 m 的床可用 3 组线(布线前先在床底部铺 12 cm 杂草,踏实踩平,其上再铺 5 cm 厚的细沙,搂平后即可布线)。为使床温一致,床的南侧和北侧的线距为 6 cm,各布 7 条线;中间线距为 12 cm,也布 7 条线。

为了布线方便,可先在两根同床宽等长的木桩子上,按线距钉上钉子。布线时,将两根木桩分别固定在床两端,再将电线绕过钉子按计划距离布开。电热线要拉紧,其上压 12 cm 厚的床土;在布线和压床土时,严防线条交叉或折坏。整床铺完,通电检查无误,再断电铺床土。压完床土后,再小心地将两根木桩子取出。

有条件最好安装控温仪,可以按生产要求温度自动调节控制土温,减少人力和电能的浪费。

☞ 231. 保护地栽培蒜苗如何选择蒜种?如何处理?

保护地栽培应选用休眠期短、发芽快、幼苗生长快、假茎粗而长、叶片宽大肥厚、黄叶和干尖现象轻的品种。如软叶蒜、彭县中熟、蔡家坡红皮蒜、二水早等。入选种蒜按大、中、小分级播种。

将选好的蒜头从蒜瓣上剪下来，放到大缸里，用清水浸泡 24 h，捞出后用螺丝刀抠掉盘踵，提出残留的蒜薹，把已松动的外皮剥掉。蒜头按大小分为大、中、小三级，以便分级播种。

232. 保护地栽培青蒜如何播种、管理？

(1)电热温床栽种蒜　日光温室生产第一茬蒜苗不需要电热温床，在温室地面做畦即可进行。其他茬生产中，铺完电线后，床面铺 5 cm 厚的土，耙平，从一角开始，把同一级的蒜头，一头紧靠一头摆入床中。摆蒜的同时，用散瓣把蒜头间的空隙填满。摆满一床后，覆盖约 1 cm 厚的细沙。用喷壶喷水，使细沙下沉到缝隙中。浇水量不宜过大，以湿润到蒜头下 2～3 cm 为宜。把土温控制在 20℃左右。畦面上插拱架，夜间扣上塑料薄膜，加强夜间保温，以免浪费电能。白天揭开争取多见阳光。

蒜苗长出沙面以后，土温保持在 20℃，气温保持在 20～25℃。若气温超过 25℃放风，降到 20℃闭风。夜间控制在 15～20℃。在温度的管理上，要保持一定的昼夜温差，一般白天的温度要比夜间的温度高 5℃，这样虽然生长较慢，但单干物质积累多，叶色深，产量高。

蒜苗生长期间，浇水次数、浇水量的控制都十分重要。一般 4～5 天浇水 1 次，土温气温高，生长快时 3～4 天浇 1 次水。但要注意在保持土壤湿润的同时，要防止土壤含水量过大，否则大蒜容易发生沤根。

(2)火炕生产蒜苗　利用火炕生产蒜苗，在炕面上铺床土最低10 cm厚。火炕进火口部分温度较高，可增加床土厚度，达到土温均匀。

摆蒜的方法与电热温床相同。在管理上，主要是调节温度。火炕调节温度完全靠经验，所以在上完床土后，就应通过几次烧火加温，摸准燃料用量与温度的关系，然后才能栽蒜。其他管理与电热温床基本相同。火炕栽蒜苗对床温要经常检查，一旦发现温度高，挽救的方法是及时浇水降温。

☞ 233. 保护地栽培青蒜采收时应注意哪些问题?

蒜苗的收割应在产量达到最高峰时进行。收割过早、过晚都会影响产量。蒜苗的产量高峰标志是叶片高度达到40 cm以上，最大的叶片已长到最大限度。叶尖部开始下垂，出现部分打旋现象，如再不收割，不但产量不会再增加，还会减少产量，降低品质。

收割蒜苗最好在早晨进行，因为早晨气温低、空气湿度大，收下的蒜苗不容易萎蔫。在收割前一天要浇水，以提高产量和品质。收割方法是从床的一角开始，用韭菜镰贴蒜头割下，抖掉细沙，用马蔺扎成250～300 g的小把。收割蒜苗要防止踩坏收割完的蒜头，影响第二茬正常生长。可用一块木板，边割边移动木板，操作人员蹲在木板上作业。割完一床后用钉耙耧平床面，清除杂物。

第一茬蒜苗生长比较缓慢，一般需30天才能收割；第二茬栽蒜苗，一般20天左右即可收割。第一茬收割完很快萌发，但是不宜浇水，在蒜苗叶色由黄转绿时再开始浇水。

第二刀虽然生长较快，但是瓣内养分剩余已经不多，一般20 cm高以上，就容易叶尖发黄，说明养分已经枯竭，应该及时收割。一般第一刀每平方米收获蒜苗11～12 kg，第二刀每平方米收获5～6 kg。

六、蒜黄栽培技术

234. 蒜黄栽培在生产中如何选种？

蒜黄是软化栽培的蒜苗，在生长过程中不见阳光，完全靠蒜瓣贮存的养分生长。蒜黄品质柔嫩，辛辣味轻，是冬季早春，元旦、春节备受欢迎的香辛叶菜类蔬菜。但是，蒜黄产量低，栽培不普遍。

选择多瓣、小瓣种及鳞茎肥大充实、无病无伤的蒜头作种蒜。清除鳞茎表层碎皮，浸泡12～24 h，捞出后放置1～2天后挖掉鳞茎基部干缩的茎盘，抽出残存的干花薹，以便吸水生根。

235. 蒜黄生产中蒜种如何囤栽？

在半地下式温室（蒜黄窖）内做宽2 m、长3 m、深0.5 m的槽子畦，而后整平畦面，从畦一端紧密排列种蒜头，保持蒜瓣顶部平齐，栽满畦后覆盖细沙3～5 cm。用蒜种量为每平方米15～17.5 kg。

☞ 236. 蒜黄生产中如何进行栽培管理?

主要包括遮光、浇水、温度调控、通风换气等项工作。

(1)遮光　在畦埂上覆盖黑色薄膜或双层草帘遮光,使蒜黄在黑暗条件下生长。

(2)浇水　种蒜在幼芽萌动期生长缓慢,需水量少。可在栽后1～2天泼水维持畦土湿润,蒜黄生长盛期生长加快,耗水量增加,可浇灌畦面,每隔4～6天1次,以湿润覆土为度。半地下式温室自囤栽到收割需灌水3～4次。每次灌水量不宜过大,割后伤口未愈合时不宜浇水,防止种蒜腐烂。

(3)温度调控　前期以日平均温度25～27℃为宜,使出芽整齐;蒜黄生长期室温应降至18～22℃;当蒜黄株高达30 cm时,应再降温,防止高温高湿引起腐烂。

(4)通风换气　囤栽后空气相对湿度保持85%～90%,收获前降至75%～80%。通风换气宜在夜晚进行,排出湿气。

☞ 237. 蒜黄如何收获?

株高30～40 cm为收割适期。每刀生长需20～30天。收割时刀口与地表相平,割后整理成捆,置于阳光下照晒片刻,使蒜黄由白色变为金黄色。栽种一茬收割1～3刀,每1 kg蒜种可收蒜黄1～1.5 kg,产量和品质以第一刀最高。割后清理畦面,更换新沙土,即可囤栽第二茬。

七、病虫害防治

238. 如何判断、防治蒜薹贮藏中的生理病害？

（1）冻害　蒜薹受冻后，颜色会变深暗，薹梗、薹苞组织结冰，呈现冰晶、起泡，组织僵硬。产生这些症状的原因是贮藏温度过低，往往在－1℃以下；蒜薹组织液的冰点约为－0.9℃，此温度低于蒜薹组织液的冰点温度。解决的方法是控制库内的温度，防止过低温度造成冻害。轻度冻害，可通过避免搬动，缓慢回升温度来恢复，不可立时高温解冻。严重冻害无法恢复，应尽早出库。

（2）低氧伤害　受害蒜薹薹梗萎软，颜色变暗，呈水渍状。开袋有轻微酒精味，进而导致薹梗、薹苞坏死、腐烂。致病原因是缺氧，即普通薄膜袋内氧含量长时间在1%以下。应避免袋内缺氧。

（3）二氧化碳伤害　受害蒜薹薹梗萎软，颜色变暗、变黄，变面出现不规则凹陷褐斑，严重时造成水烂。致病原因是二氧化碳浓度过高，即普通薄膜袋内二氧化碳含量长时间高于13%。所以要控制袋内二氧化碳，避免过高。

239. 大蒜的白腐病如何防治？

大蒜白腐病是真菌性病害之一。染病植株一般先从外部叶片的叶尖出现黄色或黄褐色条斑并向叶鞘及内叶发展，假茎变软、腐烂，后期整株发黄枯死。鳞茎发病，初期病部表皮出现水渍状病斑和灰白色的菌丝层，不久呈白色腐烂,以后菌丝上出现黑色的菌核,鳞茎腐烂变黑。

防治方法:①实行3～4年轮作,避免连作。②选择地下水位低、土壤排水性良好的地段种植。加强松土保墒工作,降低田间湿度,控制发病条件。③经常进行田间检查,及时发现中心病株,在未形成菌核时连根拔除并挖土深埋。④播种前种瓣用15%粉锈宁可湿性粉剂,或50%甲基托布津可湿性粉剂拌种,药剂用量为种瓣重量的0.3%。拌种的方法是,先将药粉用适量水溶解,装在喷雾器中喷拌种瓣,晾干后播种。⑤田间发病初期喷25%多菌灵可湿性粉剂400～500倍液。

☞ 240. 大蒜的病毒病如何防治?

病毒病又名花叶病。大蒜病毒病是世界性病害,也是对大蒜为害性最大、发病率最高的一种病害。病毒一旦侵入植株体内,不但对当代有影响,而且鳞茎母体带毒后便以垂直传染方式传递给后代,导致种性退化。此外,田间还有许多传毒媒介,如蚜虫、蓟马、线虫及瘿螨等,又可将病株中的病毒传给健康的植株,因此,病毒传染率不断扩大,导致大蒜严重减产。

目前已知大蒜病毒病的病原病毒有9种。大蒜病毒病是由多种病毒复合侵染引起的,其症状不完全相同,归纳起来有以下几种:①叶片出现黄色条纹。②叶片扭曲、开裂、折叠,叶尖干枯、萎缩。③植株矮小、瘦弱;心叶停止生长;根系发育不良,呈黄褐色。④不抽薹或抽薹后蒜薹上有明显的黄色斑块。只有识别病毒病在田间植株上的种种带毒症状,才能淘汰病株,减少毒源,降低大蒜带毒率。

防治方法:①采用脱毒大蒜生产种。②消灭大蒜植株生长期间及蒜头贮藏期间的传毒媒介。③大蒜周围不要种植其他葱属作物。④实行3～4年轮作,避免与大蒜及其他葱属作物连作。⑤播种前严格选种,淘汰有病、虫的蒜头。再将选出的种瓣用80%的敌敌畏乳剂1 000倍液浸泡24 h,消灭螨类。⑥从幼苗期开始,对种子田进行严格的选择,及时拔除发病植株,以减少病害传播。⑦加强大蒜生产田的水、肥管理,培育健壮植株,增强抗病力。⑧发病初期喷20%病毒A_2可湿性粉剂500～1 000倍液,或1.5%植病灵乳油1 000倍液。

241. 大蒜的紫斑病如何防治?

病菌主要为害蒜体的叶部,如果条件适宜,病斑继续扩大,绕叶或花梗一圈,使叶或花梗折断。染病鳞茎收获后,常从假茎基部发病,形成软腐,病部颜色为深黄色或红色。阴雨多的年份发病较重。

防治方法:①播种前种瓣用40～45℃温水浸泡1.5 h;或用50%多菌灵粉剂拌种,药剂量为种瓣重量的0.5%;或用40%多菌灵胶悬剂50倍液浸种4 h,预防种瓣带菌。②实行3～4年轮作,避免与葱蒜类连作。③发病初期喷70%代森锰锌可湿性粉剂400倍液,或75%百菌清可湿性粉剂500倍液,或40%灭菌丹可湿性粉剂400倍液,或64%杀毒矾M8可湿性粉剂400～500倍液。

242. 大蒜的灰霉病如何防治?

大蒜灰霉病多发生在植株生长的中后期和蒜薹贮藏期。病斑开始为水渍状,以后变为白色至浅灰褐色。严重时全叶枯死,继续蔓延使假茎甚至鳞茎腐烂,病部可见灰霉及黑色菌核。冷库贮藏的蒜薹先从梢部开始发病，以后向下蔓延，造成蒜薹腐烂。

防治方法：①选用抗病品种。②选择地下水位低、土壤排水性良好的地段种植；整平畦面，设排水沟，防止田间积水。③施用有机肥作基肥，增施磷、钾肥，避免过量施用氮肥及灌水；合理密植，防止植株徒长。④田间发现中心病株后，及时拔除并喷 50%托布津可湿性粉剂 500～600 倍液，或 50%速克灵可湿性粉剂 1 500 倍液，或 50%扑海因可湿性粉剂 1 000 倍液。⑤贮藏蒜薹的冷库和其中的货架，在使用前喷 1%～2%的福尔马林溶液或 0.3%～0.5%的漂白粉溶液消毒。

243. 大蒜的叶枯病如何防治？

叶枯病主要为害叶片和蒜薹。发病初期病斑呈水渍状，叶色逐渐减退，叶面出现灰白色凹陷的圆形斑点。发病部位由下部叶片向上部叶片扩展蔓延。蒜薹一抽出即可染病，病斑和叶子上的一样。发病严重时地上部提早枯死，花薹不易抽出甚至枯黄，使蒜头和蒜薹产量降低。蒜头因未充分成熟，不耐贮藏。染病蒜薹不但外观品质大大降低，而且冷藏期间病部失水凹陷或腐烂断条。

防治方法：①加强栽培管理。②加强田间排水及松土保墒工作，降低田间湿度，控制发病条件。田间操作时避免伤叶片，以减少伤口。③及时发现病株，收集后烧毁或深埋。④播种前种瓣用 40～45℃温水浸泡 1.5 h，预防种瓣带菌。⑤田间发现病株后，及时拔除，并喷 50%托布津可湿性粉剂 500～600 倍液，或 75%百菌清可湿性粉剂 500 倍液，或 50%敌枯锉粉剂 1 000 倍液，或 10%杀枯净可湿性粉剂 1 000 倍液。

☞ 244. 大蒜的干腐病如何防治?

整个生育期均可发生，但主要发生在运输途中。病株叶尖枯黄，根部腐烂，切开鳞茎基部可以发现病斑向上蔓延，呈半水渍状腐烂，发展较慢。运输期为害严重，多从蒜根部发病，蔓延至鳞茎的基部，蒜瓣变成黄褐色，干枯，病部可产生橙红色霉层。在接近成熟期，土壤高温高湿的情况下发病严重。贮运期温度在 28℃左右大蒜易腐烂。

防治方法：①实行轮作。②田间操作时防止造成伤口，及时防治虫害。③选无病、充实饱满的蒜瓣留种。④贮运时控制温度，不高于 8℃。⑤必要时进行药剂防治。田间一旦发现黄萎植株，立即喷 50%甲基托布津 1 000 倍液。

☞ 245. 大蒜有哪些常见的虫害? 如何防治?

(1)蓟马　参看韭菜葱蓟马。

(2)潜叶蝇　参见韭菜潜叶蝇。

(3)咖啡豆象　在我国分布不广，除为害大蒜外，还为害谷类、咖啡、干果等作物。咖啡豆象一年发生 3～4 代，多以幼虫在粮粒内越冬，也有在玉米茎秆中越冬的。成虫长椭圆形，体形很小，长 2.5～4.5 mm，黑褐色。幼虫粗状，体长 4.5～6 mm，乳白色，两端向腹面弯曲。成虫很活跃，善飞能跳，在粮仓和田间均能为害。在大蒜头成熟时，成虫飞到蒜头上产卵。一头雌虫可产卵 30～50 粒，多者可达百粒以上。卵孵化成幼虫后，钻进蒜头的茎盘中驻食为害，蒜头挂藏期间可继续为害。

防治方法：

①做好检疫工作，在调运粮食及种子时要严格执行检疫制度，以防止传播蔓延。

②做好仓库的清洁卫生工作，经常打扫干净，防止玉米茎秆、粮食谷粒等残留在库内。

③贮藏库内做好药剂熏蒸工作，蒜头入库后，每立方米库房用溴甲烷 30 g，温度掌握在 20℃左右，密闭 24 h，使毒气通过害虫呼吸道及气门进入虫体而使其中毒死亡。

其　他

一、分　葱

☞ 246. 分葱的原产地在哪里？在我国的栽培情况如何？

分葱又名四季葱、菜葱、冬葱。因分葱无种子，多进行分株繁殖，故名分葱。分葱的起源来历不清，但在古希腊有栽培，2 000 年以前传至东亚。我国也早有栽培，《齐民要术》中已有记载。

分葱在我国中、南部大葱栽培稀少的地方，栽培较多，分布很广。

☞ 247. 分葱的形态有哪些特征？

分葱为宿根植物，栽培上常作二年生作物栽培。植株形如大葱，但比大葱矮小，一般株高 40～80 cm。分蘖能力比大葱强，一般每个鳞茎可分蘖 5～8 个，多者达 10 余个，每个分蘖可以独力成为新株(彩图 21)。

(1)根　分葱的根为宿根。母株的根系一般生长 2 年。母株一般于秋季以鳞茎播种，随着植株的生长，不断产生分蘖，一直至翌年夏季分蘖结束进入休眠；母株的根系也随之衰老而被淘汰，至秋季又以分蘖的鳞茎进行播种。

根系为弦线状的须根，发根力强，根长 30 cm 左右，分布在土壤表层。随着植株的生长，茎盘的长大，须根也逐渐增加。至分蘖开始，茎节部各节长出分蘖，形成小鳞茎，并长出新根。

(2)茎　分葱的茎为短缩茎。茎的各节生着一片葱叶。葱叶的基部由于营养成分的积累而肥大，包裹着短缩茎。最早发生的葱叶包裹在短缩茎的最外层。这样，若干片叶子的基部层层包裹着短缩茎，使短缩茎肥大呈细纺锤形或圆形的鳞茎(彩图22)。由于最外层的叶片枯萎，而使鳞茎最外层的鳞皮干枯。鳞茎的颜色有白色、紫红色、赤褐色，随品种不同而异。当鳞茎播种后，植株生长到一定旺盛阶段，在短缩茎的各节，也就是每片叶子的叶腋间，可以发生分蘖，即使在抽薹开花期，也可发生分蘖，所以分葱的分蘖能力很强，一个鳞茎最多可产生10余个分蘖。每个分蘖都发育成为新的植株。

(3)叶　分葱叶如大葱，由叶片与叶鞘组成。叶片深绿色，有蜡粉，圆形中空；叶鞘白色，层层包围成圆柱形的假茎，成为葱白。但分葱的叶片比大葱短而细小，葱白也比大葱短而细，一般葱白长不超过30 cm，短的仅数厘米，葱白粗1～2 cm。分葱是葱白少而叶片多，因此，分葱以食用葱叶为主。

(4)花　分葱在春、夏季抽薹，有的品种不开花，有的品种虽能开花而不结种子，有的品种能在花薹上着生小鳞茎，所以分葱不用种子繁殖，而依靠分蘖来进行分株繁殖，或者用小鳞茎作为播种材料，繁殖后代。

248. 分葱的生育周期可以分为哪几个阶段?

分葱的生育周期可分为幼苗期、茎叶生长期(分蘖期)、抽薹期和休眠期。

(1)幼苗期　分葱的幼苗期一般是从播种或栽植开始，到定植或分蘖开始为止。分葱的分株繁殖，实际上是用鳞茎栽植。秋季早栽培的当年就会发生分蘖,生长柔嫩,冬季易受寒害;秋季晚栽的一般到翌年春天才进行分蘖。如用花薹上小鳞茎播种繁殖,则需进行育苗定植。

(2)茎叶生长期(分蘖期)　分葱从栽植到产品采收,为茎叶生长期,也是产品形成期。分葱产量的构成是分蘖数和茎叶的重量。要根据供应市场的需要确定分葱的栽植时间。如果在冬季和早春上市,秋季应该早栽,促使秋冬分蘖,冬季要防寒。如果在春季上市,秋季要晚栽。

(3)抽薹期　分葱从开始抽薹至叶片枯萎为抽薹期。分葱在冬季低温下就开始花芽分化,到春夏之交,光照延长开始抽薹。分葱除采用小鳞茎繁殖的外,抽薹对分葱的栽培毫无意义,所以要及时除薹,以减少养分消耗,充实鳞茎。

(4)休眠期　分葱从叶片枯萎即进入休眠期。分葱夏衰冬盛,即夏季枯萎,地上部衰亡,进行休眠;地下部鳞茎可以就地越夏。但为了充分利用土地,可以将鳞茎刨起贮藏,也可以就地套间种高架作物,让分葱地下鳞茎在高架作物下就地越夏。

☞ 249. 分葱生长对温、光、水、土壤等环境条件有什么要求?

(1)温度　分葱属耐寒蔬菜,不耐高温,适应性强,对气候条件要求不严,除高温炎热的夏季进行休眠外,其他季节均可生长。植株生长适宜温度为15～25℃,超过25℃,植株生长细弱,叶片发黄,超过35℃叶片枯萎,进行休眠。在10℃以上生长缓慢,耐寒性很强,一般能在露地安全越冬。

(2)水分　分葱耐旱,不耐湿,喜较为干燥的气候条件。多雨时生长不良。但分葱根系分布较浅,所以要求较高的土壤湿度，一般土壤湿度70%～80%为宜。空气湿度为60%～70%适宜分葱生长，湿度过大，分葱容易生病。

(3)光照　分葱对光照要求较低，所以在冬季也能生长。在强光下，组织老化，会加快分葱的衰老。

(4)土壤养分　分葱适宜在土层深厚、通气、排水良好的土壤中，在中性土壤中生长良好。对肥料要求以氮肥为主。

250. 分葱有哪些优良品种？

(1)安徽河口葱　安徽霍邱县河口镇一带的特产品种。民间流传有"叶集白菜河口葱"的说法，可见河口葱的知名。河口葱株型较大，高55～60 cm，葱白27～30 cm，它既不同于葱白多叶子少的北方大葱，也不同于葱白少而叶子多的南方分葱，河口葱的葱白和葱叶几乎各占一半。叶粗管状，浓绿色，葱白脆嫩，汁液浓香，辣味适中而鲜甜，品质优，产量高。耐旱性强，分蘖力强，春、夏、秋季均可进行分株繁殖。

(2)火葱(胡葱)　南方各地都有栽培。植株直立，株高40～50 cm，开展度40 cm左右。分蘖力强，每一鳞茎分蘖多时可达10余株，开花期也能分蘖。开花后不结种子。生长期70～140天。叶色深绿，叶片呈圆筒状，与大葱相似，先端尖，但比大葱短而细，叶长38 cm；葱白长8～13 cm，直径粗1.3～1.5 cm。地下鳞茎稍大，外皮有白色、褐色、铜赤色，因品种而异。耐寒，不耐热，质地柔软，纤维少，味淡，产量高，品质好，以青叶供熟食为主，鳞茎也可腌渍以食用。

(3)拉萨藏葱　拉萨藏葱辣味浓，适宜作调料，深受藏族人民的喜爱，栽培面积大。株高75 cm左右，株丛开展度40～60 cm。分蘖力强，每株有分蘖5～8个，有叶子20～

40片。叶色深绿，先端稍尖，有较多的蜡粉。假茎粗 1～2 cm，葱白长 30 cm 左右。植株不结种子，每个分蘖能抽出一个花薹，薹上结一个鳞茎球，每球有小鳞茎 6～15 个，用小鳞茎进行繁殖。耐寒，耐旱，生育期 370 天左右。产量高，单株重可达 500 g 左右，亩产 3 300 kg 以上。

(4)韭葱(分葱)　植株直立，叶簇紧，株高 35～45 cm。叶深色，中空，叶尖，有光泽，叶长 12～15 cm，叶宽 1 cm。假茎粗 1.2～1.5 cm，假茎白色，小鳞茎较大。分蘖性强，鳞茎分为多瓣而基部相连，外皮赤褐色。瓣的外形圆，内侧凹，每株可分蘖 4～5 个。分株繁殖，耐热、耐旱力强，生长期 50～100 天，品质中等。亩产量可达 1 700～2 000 kg。

☞ 251. 分葱露地栽培应注意哪些问题?

在温暖地区可周年生产，随时采收供应，但以春、秋两季气候凉爽时产量和品质最佳。采用分株繁殖，移植前耕地施肥，整平做畦。一般穴栽，行距 20～24 cm、穴距 15～18 cm，每穴栽 2～3 株。移栽缓苗后中耕除草，保持土壤湿润和分期追肥。雨后注意排水防涝，生长期间注意防止蓟马和潜叶蝇为害。由栽植到采收需 50～80 天。当株高约 20 cm 时便可收获，收获时选择健壮植株，用作下茬栽植。

二、细　香　葱

☞ 252. 细香葱的栽培状况如何?

细香葱别名四季葱、香葱，是百合科葱属多年生草本植物，作为二年生栽培。在北美、欧洲及亚洲均有野生种，现广泛分布于热带和亚热带地区，在长江以南各地有少量栽培。食用嫩叶和假茎，品质柔嫩，具有特殊辛香味。

☞ 253. 细香葱有哪些生物学特性?

叶管状中空，长 30～40 cm，淡绿色；叶鞘基部稍膨大；假茎长 8～10 cm、粗约 0.6 cm，灰白色或稍带红色；植株分蘖力强，在适宜条件下，大量分蘖可形成稠密的株丛；根系弦线状(彩图 23)。通过春化的植株在生长的第二年可抽薹开花。花茎细长，聚伞花序，小花紫色，不易结籽。耐寒性强，耐肥，对土壤要求不严格，但耐热性和耐旱性较弱。

☞ 254. 细香葱露地栽培要点有哪些?

用分株繁殖，每年 3～5 月份或 9 月份分株栽植。栽前施足基肥，栽植穴距 15 cm，每穴栽 5～7 株，每亩用种苗约 200 kg。缓苗后中耕除草，加强肥水管理。作为二年生栽培的，除炎夏季节外，全年可随时收获供应。作多年生栽培的，晚秋应减少收获，以提高植株的耐寒力和越冬能力。栽培 3～4 年，当植株分蘖力减弱，叶子变短，产量降低时，需更新。

三、楼　葱

☞ 255. 什么是楼葱?

楼葱是百合科葱属葱的一个变种，多年生草本植物，别名龙爪葱、龙角葱。假茎和嫩叶用作菜肴调料，花茎上气生鳞茎肥大者亦可供食用，中国南、北部分地区有零星种植。

☞ 256．楼葱有哪些生物学特性？

弦状根。叶长圆锥形、深绿色、中空。假茎较短，入土部分白色。花茎圆柱形，中空。花茎顶部由花器发生若干小气生鳞茎（或称珠菜），继由气生小鳞茎发育成3～10个小葱株。入夏时花茎枯死，小葱株开始独立生活。少数健壮小葱株可再次发育花茎，花茎顶端同样再发生数个小葱株，有的植株能生长三层花茎，发生三层小葱株。气生小葱株脱离母体前，假茎基部直径0.5～1 cm，有叶2～5个，最大叶长10 cm左右。有些品种花茎顶端同时发生气生鳞茎和少量花蕾，但花器不全，无结实能力。分株性强或不分株。喜凉爽，适宜生长温度13～25℃。低温下通过春化，长日照下抽薹。

☞ 257．楼葱的栽培要点是什么？

楼葱以分株或气生小葱株繁殖。气生小葱株无生理休眠习性，采收后宜随时栽植或于干燥凉爽处放至秋季栽植。分株性强的品种穴栽，每穴3～5株，生长期间不培土。不分株的品种植株较高大，可开沟栽种，生长期间平沟培土。北方栽培的楼葱品种地下部可露地安全越冬。一般5～6月份栽植，夏、秋收获。有分株习性的品种，8～9月份分株繁殖，冬季和翌春收获。植株越冬前通过春化，春季抽生花茎并产生气生小葱株。

四、胡　葱

258. 什么是胡葱?

胡葱是百合科葱属二年生草本植物,别名火葱、蒜头葱、瓣子葱等,原产中亚。胡葱的嫩叶作调料用,鳞茎为腌渍原料。

259. 胡葱有哪些生物学特性?

须根。茎短缩呈盘状。叶由叶鞘和圆锥管状叶片构成,着生于茎盘上,叶长 15～25 cm。植株分蘖性强,能形成鳞茎。鳞茎倾斜,长卵形,长 3 cm 左右。数个鳞茎密生聚集,基部相连,接合部分挤成棱角形。鳞茎外皮赤褐色,耐贮藏。植株晚春开花,花茎中空,花淡紫色,不易结籽。抗寒力强,耐热力较弱,生长适温约 22℃,10℃时生长缓慢,高于 25℃时生长不良。鳞茎在夏季高温前形成,要求长日照。炎夏地上部枯死,地下鳞茎进入短期生理休眠越夏。属绿体春化型,要求一定时间的低温才能抽薹。

260. 栽培胡葱应注意哪些问题?

以鳞茎繁殖,8～9 月份栽植。一般畦宽 66 cm,行距 20 cm,穴距 8 cm,每穴播 2～3 个鳞茎。生长期间须培土。冬前不收获者可进行一次分株栽植。春季抽薹前生长最茂盛,可适时收获。采收过晚,叶质硬化,不堪食用。5～6 月份鳞茎成熟,每个母鳞茎可产生 10～20 个子鳞茎,地上部枯死时,挖收食用,或晾干挂藏在通风阴凉处,留作种用。

五、薤

261. 薤的原产地在哪里? 有什么营养价值?

薤为百合科葱属中能形成小鳞茎的多年生宿根草本植物,作二年生栽培。别名藠头、藠子,原产中国。《齐民要术》有其栽培与加工方法的记述。其营养丰富,每 100 g 鳞茎中含水分 87.9 g,碳水化合物 8.0 g,蛋白质 1.6 g,并有较丰富的维生素和矿物质,可炒食、醋渍、盐渍或糖渍。南方栽培较多。

262. 薤有哪些形态特征?

叶丛生,细长、中空,长达 41～42 cm;横切面三角形,深绿色,稍带蜡粉。每株可发生 10～20 个分蘖。每一分蘖具叶 3～8 片。分蘖力依品种不同而异。叶鞘基部膨大形成鳞茎。鳞茎短纺锤形,白色,上部稍现紫色,横径 1～2 cm。须根弦状,6～16 条,比较发达,分布范围可达 30～40 cm。花薹圆柱状,中空,顶生伞形花序。每花序有小花 10～25 朵。花浅蓝紫色,完全花,但不易结实。

263. 薤的生长对环境条件有什么要求?

薤喜冷凉,适应性强。叶生长适宜冷凉湿润的环境,气温超过 25℃以上即行休眠。因而夏季叶干枯。南方冬季侧芽萌生新叶。鳞茎膨大适温 20℃左右。要求较长日照，较耐阳。各类土壤均可栽培，以排水良好的沙壤土最好。

264. 薤的主要栽培技术有哪些?

(1)品种选择　薤有大叶薤、细叶薤和长柄薤 3 个类型。大叶薤又称南薤，叶大，分蘖力强，鳞茎大而圆，产量高。细叶薤又叫紫皮薤、黑皮薤，叶细小，分蘖力强，可分蘖 15～20 个，但鳞茎小。长柄薤又名“白鸡腿”，分蘖力较强，薤柄长白而柔嫩，品质佳。叶直立。产量高。生产中应根据用途和消费习惯等选用品种。

(2)整地　薤不宜连作，适于与其他作物间作套种。南方多用高畦，北方用半高畦或平畦。

(3)播种　薤以鳞茎繁殖。播种前应严格选择种薤。种薤应选择大小适中、形状符合本品种特征的鳞茎，淘汰个体较小、根部腐烂的鳞茎。入选种薤除去干叶，剪留约 2 cm 长须根即可播种。薤多在 8～9 月份播种，沟播或穴播。沟播按行距 20～25 cm 开沟，沟内按 10～15 cm 株距点播鳞茎；穴播按穴距 15 cm，每穴播 2～3 个鳞茎。播后覆土厚度以稍露鳞茎顶端为宜，播后 7～10 天可萌芽出土。

(4)追肥、灌水　出苗后每隔 15～20 天追施 1 次氮肥或复合肥，施肥后及时灌水，以后视土壤墒情灌水。雨季注意排涝。生长期间中耕除草。鳞茎膨大期间适当培土。

(5) 收获　以叶和鳞茎供食的于翌年春季可随时收获。专收鳞茎的在翌年初夏，当叶子开始枯黄时收获。留种用的可一直延续到下次临种前收获，也可于地上部枯萎后收获，然后扎捆挂藏。

参 考 文 献

[1] 张景华,齐玉英.葱蒜类生产 200 问.北京:中国农业出版社,1995.

[2] 黄伟,任华中,陈洪峰.葱蒜类蔬菜高产优质栽培技术.北京:中国林业出版社,2000.

[3] 王久兴.葱蒜类蔬菜栽培一月通.北京:中国农业大学出版社,2000.

[4] 黄于明,赵章忠.葱蒜类蔬菜栽培技术.上海:上海科学技术出版社,1996.

[5] 陈功,王莉.大蒜保鲜贮藏与深加工技术.北京:中国轻工业出版社,2003.

[6] 蒋名川.中国韭菜.北京:农业出版社,1989.

图书在版编目(CIP)数据

葱蒜类蔬菜栽培技术问答/任华中,邓莲,刘丽英编著. —北京:中国农业大学出版社,2008.1

(专家与您手拉手系列丛书)

ISBN 978-7-81117-252-2

Ⅰ.葱…　Ⅱ.①任…②邓…③刘…　Ⅲ.鳞茎类蔬菜-蔬菜园艺-问答　Ⅳ.S633-64

中国版本图书馆 CIP 数据核字(2007)第 138668 号

书　　名　葱蒜类蔬菜栽培技术问答

作　　者　任华中　邓　莲　刘丽英　编著

策划编辑　张秀环　　**责任编辑**　杨建民

封面设计　郑　川　　**责任校对**　陈　莹　王晓凤

出版发行　中国农业大学出版社

社　　址　北京市海淀区圆明园西路 2 号　　**邮政编码**　100193

电　　话　发行部 010-62731190,2620　　读者服务部 010-62732336

编辑部 010-62732617,2618　　出　版　部 010-62733440

网　　址　http://www.cau.edu.cn/caup　　**E-mail**　cbsszs@cau.edu.cn

经　　销　新华书店

印　　刷　涿州市星河印刷有限公司

版　　次　2008 年 1 月第 1 版　　2009 年 3 月第 4 次印刷

规　　格　850×1 168　　32 开本　　9.5 印张　　210 千字　　彩插 4

定　　价　15.50 元